從基礎學習
FRANCE

La cuisine régionale française par la base

經典料理大全

TK

藍帶廚藝學院
向擔任這本鉅作相關的諸位，
以及藍帶廚藝學院代官山分校主任－奧立維歐得 Olivier Oddos 主廚，
致上最深的謝意。
另外，書中法國各地的優美照片，
承蒙ATOUT FRANCE（法國觀光開發機構）鼎力相助，
亦致上最深的謝意。

法式料理中，各地經典料理是其中不可忽略的重要範疇。現今，無論經過多少風潮與時間的洗禮，甚至是發展至分子料理的領域，其中根深蒂固傳統法國料理的精髓仍存留其中。

在法國，所謂的"Terroir風土"，指的是包含當地固有之氣候、土壤、自然等龐大意義的單字。風土這個單字在古典學術上的定義，具有各種解釋，最初是用於葡萄酒業界，表示因地理上的地勢特徵等，因此對葡萄酒釀造所造成影響的單字。

即使如此，藍帶廚藝學院的主廚提及關於"Terroir風土"，指的遠比葡萄酒業界定義得更為寬廣。在料理界"Terroir風土"的概念，是歷經了幾個世紀的歷史和傳統的產物，也就是法國各地經典料理源起的核心。

法國的人們，自古以來代代傳承著當地的"Terroir風土"，並深植人心。這樣的傳統，不斷地受到當地的栽植者、農家、料理人的重視，並持續傳遞下去。

在全球被譽為法式料理大使的LE CORDON BLEU藍帶廚藝學院，令人欣喜地介紹了代表法國各地的經典料理，也自豪於傳遞法國"Terroir風土"神祕的魅力。

閱讀本書的同時，彷彿在法國22個地區旅行著，進而發掘該地特有的名產料理、葡萄酒、起司等的魅力所在，就是我們最大的榮幸。

藍帶廚藝學院日本分校

CONTENTS

閱讀本書之前

● 1大匙是15cc、1小匙是5cc。

● 沒有特別標示時，鮮奶油使用乳脂肪成分40%的產品。

● 奶油是無鹽奶油。

● 麵粉沒有特別標示時，使用的是低筋麵粉。
鹽、胡椒、油脂等用量，沒有特別標示時，即是因應狀況酌量增減。

● 材料分切的大小、加熱時間、烤箱溫度僅為參考，會依廚房條件、熱源、加熱機器的種類、材料狀態而有不同，請適度地加以調整。

● 關於本書當中使用的法文烹調用語，請參考P.254。

● 材料欄中的成品食用人數，與料理照片中的盛盤量有差異。

法國全境地圖

此地圖，是以法國行政區和美食學（Gastronomy）的區域相互對照，並以巴黎
藍帶廚藝學校（Le Cordon Bleu）定義出的22個地方作為區分。

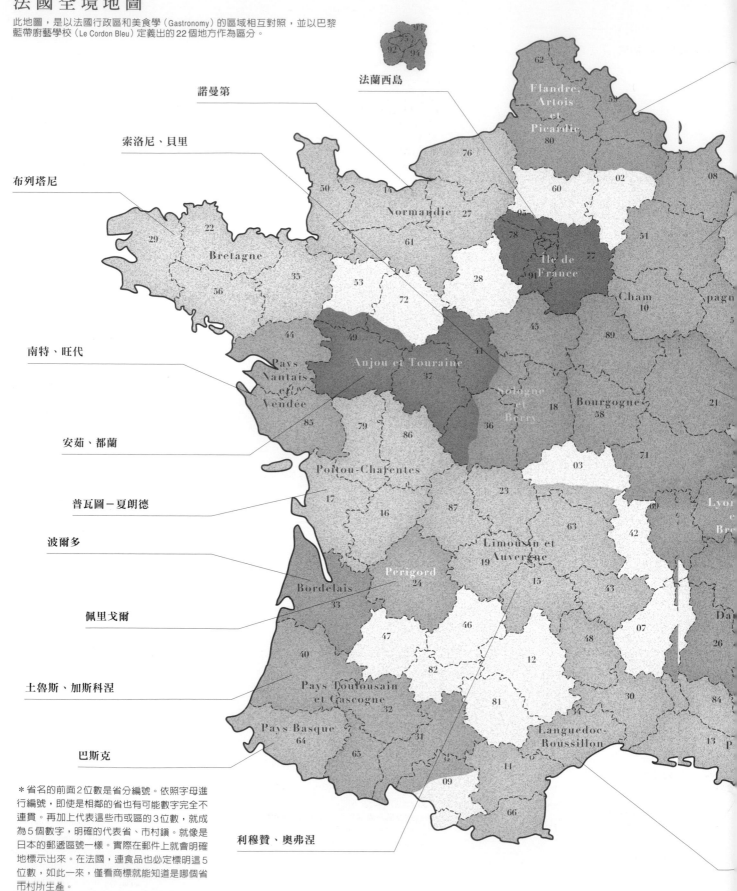

諾曼第

索洛尼、貝里

布列塔尼

南特、旺代

安茹、都蘭

普瓦圖－夏朗德

波爾多

佩里戈爾

土魯斯、加斯科涅

巴斯克

利穆贊、奧弗涅

法蘭西島

＊省名的前面2位數是省分編號。依照字母進
行編號，即使是相鄰的省也有可能數字完全不
連貫。再加上代表這些市或區的3位數，就成
為5個數字，明確的代表省、市村鎮。就像是
日本的郵遞區號一樣。實際在郵件上就會明確
地標示出來。在法國，連食品也必定標明這5
位數，如此一來，僅看商標就能知道是哪個省
市村所生產。

8

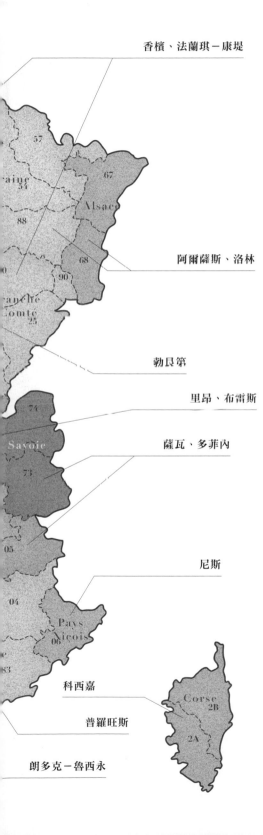

法蘭德斯、阿爾圖瓦、皮卡第

香檳、法蘭琪－康堤

阿爾薩斯、洛林

勃艮第

里昂、布雷斯

薩瓦、多菲內

尼斯

科西嘉

普羅旺斯

朗多克－魯西永

地方名稱／省CODE*／省名（省會所在地）

南特、旺代
44 Loire Atlantique羅亞爾-大西洋省（Nantes南特）
85 Vendée旺代（La Roche-sur-Yon永河畔拉羅什）

諾曼第
50 Manche芒什省（Saint-Lô聖洛）
14 Calvados卡爾瓦多斯省（Caen卡昂）
61 Orne奧恩省（Alençon阿朗松）
76 Seine-Maritime濱海塞納省（Rouen盧昂）
27 Eure厄爾省（Évreux埃夫勒）

布列塔尼
29 Finistère菲尼斯泰爾省（Quimper坎佩爾）
22 Côtes-d'Armor阿摩爾濱海省
（Saint-Brieuc聖布里厄）
56 Morbihan莫爾比昂省（Vannes瓦訥）
33 Ille-et-Vilaine伊勒-維萊訥省（Rennes雷恩）

法蘭西島
75 Paris巴黎（Paris巴黎）
93 le département de la Seine-Saint-Denis
塞納-聖但尼省（Bobigny博比尼）
94 Val-de-Marne馬恩河谷省（Créteil克雷特伊）
92 Hauts-de-Seine上塞納省（Nanterre南泰爾）
78 Yvelines伊夫林省（Versailles凡爾賽）
95 Val-d'Oise瓦茲河谷省（Pontoise蓬圖瓦茲）
91 Essonne埃松省（Évry埃夫里）
77 Seine-et-Marne塞納-馬恩省（Melun默倫）

法蘭德斯、阿爾圖瓦、皮卡第
59 Nord諾爾省（Lille里爾）
62 Pas-de-Calais加來海峽省（Arras阿拉斯）
80 Somme索姆省（Amiens亞眠）
02 Aisne埃納省（Laon拉昂）的一部分

安茹、都蘭
49 Maine-et Loire曼恩與羅亞爾省（Angers昂熱）
53 Mayenne馬耶訥省（Laval拉瓦勒）
37 Indre-et-Loire安德爾-羅亞爾省（Tours都爾）
41 Loir-et-Cher羅亞爾-謝爾省（Blois布盧瓦）和36
的Indre安德爾省（Châteauroux夏托魯）的一部分

索洛尼、貝里
45 Loiret盧瓦雷省（Orléans奧爾良）
18 Cher謝爾省（Bourges布爾日）
41 Loir-et-Cher羅亞爾-謝爾省（Blois布盧瓦）和36
的Indre安德爾省（Châteauroux夏托魯）的一部分

普瓦圖－夏朗德
17 Charente-Maritime濱海夏朗德省
（La Rochelle拉羅謝爾）
16 Charente夏朗德省（Angoulême昂古萊姆）
79 Deux-Sèvres德塞夫勒省（Niort尼歐爾）
86 Vienne維埃納省（Poitiers普瓦捷）

波爾多
33 Gironde吉倫特省（Bordeaux波爾多）

巴斯克
64 Pyrénées-Atlantiques庇里牛斯-大西洋省
（Pau波城）

佩里戈爾
24 Dordogne多爾多涅省（Périgueux佩里格）

土魯茲、加斯科涅
40 Landes朗德省（Mont-de-Marsan蒙德馬桑）
32 Gers熱爾省（Auch歐什）
65 Hautes-Pyrénées上庇里牛斯省（Tarbes塔布）
31 Haute-Garonne上加龍省（Toulouse土魯斯）
09 Ariège阿列日省（Foix富瓦）的一部分

勃艮第
89 Yonne約訥省（Auxerre歐塞爾）
21 Côte-d'Or科多爾省（Dijon第戎）
58 Nièvre涅夫勒省（Nevers尼維爾）
71 Saône-et-Loire索恩-羅亞爾省（Mâcon馬孔）

阿爾薩斯、洛林
67 Bas-Rhin下萊茵省（Strasbourg史特拉斯堡）
68 Haut-Rhin上萊茵省（Colmar科爾馬）
55 Meuse默茲省（Bar-le-Duc巴勒迪克）
54 Meurthe-et-Moselle默爾特-摩澤爾省
（Nancy南錫）
57 Moselle摩澤爾省（Metz梅斯）
88 Vosges孚日省（Épinal埃皮納勒）

利穆贊、奧弗涅
87 Haute-Vienne上維埃納省（Limoges利摩日）
23 Creuse克勒茲省（Guéret蓋雷）
19 Corrèze科雷茲省（Tulle蒂勒）
63 Puy-de-Dôme多姆山省（Clermont-Ferrand
克勒蒙費朗）
15 Cantal康塔爾省（Aurillac歐里亞克）
43 Haute-Loire上羅亞爾省（Le Puy-en-Velay勒皮昂
韋萊）
03 Allier阿列省（Moulins穆蘭）的一部分

里昂、布雷斯
69 Rhône羅訥省（Lyon里昂）
01 Ain安省（Bourg-en-Bresse布雷斯堡）

薩瓦、多菲內
74 Haute-Savoie上薩瓦省（Annecy安錫）
73 Savoie薩瓦省（Chambéry尚貝里）
38 Isère伊澤爾省（Grenoble格勒諾勃）
26 Drôme德龍省（Valence瓦朗斯）
05 Hautes-Alpes上阿爾卑斯省（Gap加普）

尼斯
06 Alpes-Maritimes阿爾卑斯濱海省（Nice尼斯）

科西嘉
2A Corse-du-Sud南科西嘉（Ajaccio阿雅克肖）
2B Haute-Corse上科西嘉（Bastia巴斯提亞）

普羅旺斯
84 Vaucluse沃克呂茲省（Vaucluse沃克呂茲省）
04 Alpes-de-Haute-Provence上普羅旺斯阿爾卑斯省
（Digne-les-Bains迪涅萊班）
13 Bouches-du-Rhône隆河河口省（Marseille馬賽）
83 Var瓦爾省（Toulon土倫）

朗多克－魯西永
66 Pyrénées-Orientales東庇里牛斯省
（Perpignan佩皮尼昂）
11 Aude奧德省（Carcassonne卡卡頌）
34 Hérault埃羅省（Montpellier蒙佩利爾）
30 Gard加爾省（Nîmes尼姆）
48 Lozère洛澤爾省（Mende芒德）

香檳、法蘭琪－康堤
08 Ardennes阿登省（Charleville-Mézières沙勒維爾-
梅濟耶爾）
51 Marne馬恩省（Châlons-en-Champagne
香檳地區沙隆）
10 Aube奧布省（Troyes特魯瓦）
52 Haute-Marne上馬恩省（Chaumont肖蒙）
70 Haute-Saône上索恩省（Vesoul沃蘇勒）
90 Territoire-de-Belfort貝爾福地區（Belfort貝爾福）
25 Doubs杜省（Besançon貝桑松）
39 Jura汝拉省（Lons-le-Saunier隆勒索涅）

PAYS NANTAIS ET VENDÉE

南特、旺代

DATA

旺代（Vendée）　　　　南特（Natais）

地理　　　法國西北部，位於羅亞爾河匯流入大西洋
　　　　　的河口附近。濕地多但內陸地區也具有廣
　　　　　大可耕作的丘陵。
中心都市　南特是沿著羅亞爾河的城市，旺代是位
　　　　　於羅亞爾以南，永河畔拉羅什（La Roche-
　　　　　sur-Yon）的內陸城市。
氣候　　　全年宜人，天氣穩定。冬季容易降雨。
其他　　　南特在十六世紀是發布認可基督新教
　　　　　（Protestantism）信仰自由的敕令之地。

經典料理

Moule sauce poulette
雞肉醬汁燉煮淡菜

Moule sauce poulette
雞基本高湯醬汁燉煮淡菜

Chaudrée
白酒風味魚湯。佐以大塊麵包

Tronçon de sole en cocotte, huitres et cocos de Vendée
比目魚、牡蠣、旺代白豆的燉煮

Mogettes au pot
陶鍋燉煮樸質調味的白腰豆

Marinière de bar et coquillages aux aromates
白酒香草蒸煮鱸魚與貝類

Bar en croûte de sel de Noirmoutier
裹鹽蒸烤鱸魚

Préfou
含鹽奶油和大蒜風味，旺代地區的麵包

　　法國西北部的南特、旺代地區，位於被稱為羅亞爾河省（Pays-de-la-Loire）的羅亞爾河下遊流域。其中，稱之為南特的是位於河川北側的城市，以南特為中心。所謂的南特，在中世紀是布列塔尼公國的首都，極為繁榮，十七～十八世紀時，作為大型商業港使用，具有繁榮歷史的大型城市。南特現今仍為布列塔尼半島的一部分，在美食學（Gastronomy）的區分上，也歸納於布列塔尼之下。另一個旺代地區，指的是河川南側的內陸城市，以永河畔拉羅什（La Roche-sur-Yon）為中心。突出在大西洋上的細長島嶼，努瓦爾穆捷島（île de Noirmoutier）也是這個地區的一部分。兩個地區都以大型河川下游濕地較多，但內陸地區也有高地，還可見到相當多被圈圍出，稱為bocage（灌木樹籬）的農耕、牧草地。

　　那麼，擁有海洋、山川這樣的地形、受到洋流帶來穩定氣候的吹拂，這個地區確實受惠於大自然各式食材的恩賜。就農作物而言，「法國白腰豆」、「Bonnotte品種的馬鈴薯」，還有廣大區域的甘藍等。魚貝類當中，有南部的聖吉夸德維（Saint-Gilles-Croix-de-Vie）可捕獲的沙丁魚、濱海萊基永（L'Aiguillon-sur-Mer）養殖的淡菜、沼澤地區可捕撈的鰻魚、努瓦爾穆捷島（île de Noirmoutier）

建於十九世紀，成為南特地標
Letèvre-Utile公司的脆餅乾工場，
在2000年時進行改裝，重新成為
綜合藝術文化中心。

萊薩布勒多洛訥（Les Sables-
d'Olonne）是位於旺代省海灣沿
岸的城市。有三個港，作為釣魚、
海上運動據點相當熱鬧。

現在有1971年建設的橋梁可前往努瓦
爾穆捷島（île de Noirmoutier），但在
過去只能依靠滿潮時就會沈入海中的砂
洲格伊斯通道（Passage du Gois）。

鹽田生產的鹽、含碘土地中培育的「海蘆筍」等等…特產不勝枚舉。

家禽、家畜的飼育也非常盛行。最受歡迎的有未斷奶的小牛（milk fed veal）或羔羊、可加工作為生火腿的豬隻等等。即使如此，在當地特產中最負盛名的還是家禽類，其中以鴨為其最。綠頭鴨與原生種交配的南特種鴨，具有濃郁的野生風味，相當受到好評，特別是在旺代地區的濕地、沙朗（Challans）野放飼育的品種，深獲全球料理人們的青睞。

但在葡萄酒和起司方面，卻沒有太大的相關生產。葡萄酒，僅能列舉的是南特當地釀造並經常使用在料理中的蜜思卡岱（Muscadet）白酒，以及取得V.D.Q.S.（優良地區葡萄酒）認證，產於旺代的 "Fiefs Vendéens"。這是因為附近多濕地，適合栽植葡萄的土地太少。另外，南特也是栽植葡萄最北的限界。關於起司，也因為酪農業不興盛，僅有數種山羊乳製作的成品。即使如此，因受惠於其他眾多的食材，所以在料理方面絕不遜於其他地方。早現的成品較為樸質、較多平民食品，但內容富於變化，令人深刻感受到豐盛的飲食文化。

白腰豆 Mogette

十六世紀開始栽培於當地的白腰豆。皮薄芳香，一旦加熱後會變得鬆軟綿柔。可運用在沙拉或燉煮等各式料理上。

努瓦爾穆捷島產的馬鈴薯 Bonnotte de Noirmoutier

努瓦爾穆捷島所生產的小型馬鈴薯。有甜味並帶著榛果的香氣。每年2月2日播種，90天後收成。

布畺夫的幼鰻 Civelle de Bourgneuf

是稀少的幼鰻，透明無色。經海～河口附近泥濘中溯河而上。一般會搭配黃芥末、紅蔥頭等。也輸出海外。

蝸牛（大灰種）Escargot gros-gris

品種名是「大型灰色」的意思。正如其名，約飼養成4～5cm程度的大型灰殼蝸牛。茶色的蝸牛肉緊實，且具有特殊風味。

鴨 Canard

在多濕地的該地區，盛行飼育鴨類。其中特別著名的就是具野味且肉質纖細的沙朗產鴨，以放養進行飼育。

努瓦爾穆捷島產的鹽 Sel de Noirmoutier

取自努瓦爾穆捷島的鹽田。可以直接作粗鹽或作成鹽之花（Fleur de sel），除此之外還能與香草混拌製成含鹽奶油。

● 起司

卡耶博特起司 Caillebotte

以酵素凝固山羊奶製作出的新鮮起司。名稱也是「凝乳」的統稱。以蘆葦等瀝乾水分後食用。也可以澆淋砂糖或咖啡利口酒（Kamok）享用。

● 酒／葡萄酒

蜜思卡岱 Muscadet

法國栽植葡萄的最北處，羅亞爾河流域，南特地區所製作的不甜白葡萄酒。以同名葡萄品種為原料製作而成。

旺代葡萄酒 Vins de Vendée

旺代地區濕地多，葡萄栽植面積因而受限，但生產名為Fiefs Vendéens，V.D.Q.S（優良地區葡萄酒）。其中有白肖楠（Chenin blanc）品種等白葡萄酒、黑皮諾（Pinot Noir）等紅或粉紅葡萄酒，無論哪一種都是在新釀時飲用。

咖啡利口酒 Kamok

具高度酸味和香氣的阿拉比亞咖啡烤焙後，放置2年以上熟成釀造的利口酒。酒精濃度是40%。

歷史與藝術的城市，南特。中央部分是哥德式，聖伯多祿聖保祿主教座堂（Cathédrale Saint-Pierre-et-Saint-Paul），於十五世紀開始動工，約經歷450年方才完成。

位於永河畔拉羅什（La Roche-sur-Yon）東南的豐特奈勒孔特（Fontenay-le-Comte），直至十九世紀初的省會。聖母教堂（Notre-Dame）等歷史性的建築物也很多。

位於海岸的鹽田，至今仍以傳統方式取鹽。水面結晶的就是鹽之花（Fleur de sel），底部沉澱的鹽就是sel gris（灰色的鹽）。

香烤沙朗產雛鴨佐奶油時蔬
Canette Challans rôtie, légumes glacés

當地特產，以香烤雛鴨的方式製作，
強調濃郁美味及豐盛感的一道料理。
享用時拆解下的骨頭，還能搭配調味蔬菜與小牛基本高湯一起製成湯品，
能夠分毫不遺漏地享用到所有鴨的美味。

雛鴨（1.5kg的大小）　　2隻

醬汁
洋蔥　　1/2個
紅蘿蔔　　1/2根
西洋芹　　1/2根
白酒　　100g
小牛基本高湯（→P224）　　300cc
鹽、胡椒　各適量

奶油　　約50g
沙拉油、鹽、胡椒　各適量

配菜（garniture）
柳橙風味的亮面煮（glacés）蘿蔔（→P246）
蜂蜜風味的亮面煮紅蘿蔔（→P246）

1　預備處理過的雛鴨（P231）表面塗抹沙拉油後，仔細地全體撒上鹽。將雛鴨放入倒有沙拉油的平底鍋內，以小火煎。將不易完全受熱的腿肉朝下開始煎。

2　待呈現焦色後，將另一側腿肉朝下繼續煎。

3　接著煎胸肉。

4　將過程中逼出的油脂舀出去棄，煎至全體呈現焦色。

5　均勻煎後取出雛鴨，避免表面乾燥地刷塗上奶油。

6　將雛鴨頭和翅膀切成小塊狀，放入約30g奶油加熱融化的鍋中，拌炒至散發香氣為止。

7　將5的雛鴨背部朝下地放入6的鍋中，擺放上20g奶油，放入200～210℃的烤箱中烘烤20～30分鐘。

8　烘烤過程中，不時地變化雛鴨的方向，使側面也能烘烤出漂亮的色澤。若此時的顏色略淡，可以添加或澆淋（arroseur）少量奶油。

9　待兩側都呈現漂亮的烤色時，再將鴨胸朝上澆淋油脂。此時將烤出的油脂以圓錐形濾網過濾後再澆淋，以不含雜質的乾淨油脂澆淋在表面，可以讓完成時更漂亮。

10　取出雛鴨，撒上胡椒。放置於溫熱場所靜置20～30分鐘。鍋子則留待製作醬汁。

11　製作醬汁。以小火加熱煎雛鴨時放入鴨骨的鍋子，放入切成方塊的洋蔥、紅蘿蔔、西洋芹，拌炒。

12　以網篩過濾出11的油脂後，再放入同一個鍋中，清潔鍋壁，倒入白酒溶出鍋底精華（déglacer）。

13　持續撈除浮渣，充分熬煮揮發掉酸味。加入小牛基本高湯，再以小火熬煮。

14　待產生濃度後，過濾，以鹽和胡椒調味。

完成
　折除綁縛雛鴨的綿線，以配菜裝飾。附上以其他器皿盛裝的醬汁。

蒸煮鱸魚佐白腰豆
Pavé de bar braisé, ragoût de mogettes

鱸魚片與調味蔬菜一起燉煮，
利用燉煮時溶出的湯汁，加入大量鮮奶油製成醬汁。
飽含濃縮了鮮魚美味的奶油醬汁，是魚類料理最經典的搭配。
燉煮 "白腰豆Mogette"，也是非常合適的配菜。

材料（4人分）

鱸魚　600～800g
紅蔥頭（切碎）　2個
白酒　150cc
魚鮮高湯（→P225）　300～400cc
奶油（膏狀）
鹽、胡椒　各適量

醬汁

鱸魚蒸煮湯汁
鮮奶油　150cc
奶油　20～30g
鹽、胡椒、卡宴辣椒粉（cayenne pepper）　各適量

配菜

燉煮白腰豆（→P251）

1　進行鱸魚的預備處理。刀子由尾端插入剝除魚皮。

2　取下殘留在魚腹的腹骨和魚脊。

3　切成魚片，撒上鹽和胡椒排放在塗有奶油的方型淺盤上。

4　在間隙塞入紅蔥頭碎，倒入白酒。

5　接著倒入魚鮮高湯至淹過魚片。

6　覆蓋上內側刷塗奶油的烘焙紙，放入180～200℃的烤箱中加熱約10分鐘。

7　待竹籤能輕易地刺穿時取出，覆蓋上保鮮膜存放在溫熱場所。

8　製作醬汁。過濾殘留在方型淺盤內的蒸煮湯汁，熬煮至白酒的酸味揮發，湯汁濃縮成半量。

9　加入鮮奶油再繼續熬煮，以鹽、胡椒調味。添加卡宴辣椒粉和奶油，晃動鍋子使其混合。

10　待煮至稠濃時即完成。

完成

將鱸魚盛放至盤中，搭配燉煮白腰豆，舀入以手持攪拌棒（Stick Mixer）略為打發的醬汁。

用平葉巴西利（分量外）裝飾。

奶油酒焗淡菜
Mouclade

蒸淡菜搭配蒸汁添加鮮奶油和蛋黃熬煮成的濃郁醬汁。膨脹飽滿的淡菜口感更添美味。
醬汁也可以加上咖哩粉或番紅花來增添香氣。

馬拉特燉鰻魚
Matelote d'anguille

"**Matelote**"指的是以紅酒燉煮淡水魚，特別使用鰻魚來製作，是當地非常著名的經典料理。
煮汁用麵粉油糊（beurre manié）使其濃稠，添加香煎培根、洋菇、亮面煮小洋蔥和麵包丁，是經典的呈現方式。

奶油酒焗淡菜

材料（2人分）

淡菜（Moule de Bouchot*¹）　約1.4kg
白葡萄酒（不甜）　100cc
洋蔥（切碎）　100g
奶油　25g

*1　個頭小，貝肉略帶黃色的養殖淡菜。

醬汁

淡菜的蒸煮湯汁
鮮奶油　250cc
咖哩粉　10g
麵粉油糊*²（beurre manié）
├ 奶油　20g
└ 麵粉　20g
蛋黃　2個
鮮奶油（完成時使用）　3大匙
鹽、胡椒　各適量

*2　混拌麵粉並加入奶油製作。

1 先除去淡菜上堅硬的足絲，清潔淡菜。
2 在鍋中放入奶油使其融化，加進洋蔥避免上色地拌炒。加入1並倒入白葡萄酒，蓋上鍋蓋，以大火蒸煮至淡菜開殼。
3 放在網篩上瀝乾水分，將淡菜由殼中剝下（留下單邊外殼盛放）。除去淡菜側邊的黑色腸胃。
4 製作醬汁。用廚房紙巾過濾淡菜的蒸煮湯汁，連同鮮奶油一起放入鍋中，熬煮至略為包覆在湯匙上的濃稠度。
5 加進麵粉油糊以增加稠度，放入咖哩粉。
6 將蛋黃和完成時使用的鮮奶油混拌勻勻後加入，避免沸騰地再加熱至更為濃稠的程度。視清況必要時添加鹽、胡椒以調整風味。
7 在醬汁中溫熱淡菜。

完成

將淡菜擺放在殼上盛盤，澆淋醬汁。

馬拉特燉鰻魚

材料（4人分）

鰻魚　2尾
醃泡汁（marinade）
├ 紅酒　1L
├ 洋蔥（大／薄片）　2個
├ 紅蔥頭（薄片）　3個
├ 大蒜（縱向對切）　4瓣
└ 香草束（Bouquet garni）（→P227）　1把
奶油、鹽、胡椒
麵粉油糊　各適量
渣釀白蘭地（Marc de Bourgogne）　100cc

配菜

洋菇（小）　200g
小洋蔥　300g
培根　300g
吐司（片）　2片
奶油、清澄奶油
水、鹽、胡椒　各適量
砂糖　1小撮
平葉巴西利（切碎）　適量

1 鰻魚剝皮、除去內臟，切成長4～5cm的筒狀。醃泡汁的所有材料在缽盆中混拌後，放入鰻魚。包覆保鮮膜，靜置半天或一夜。
2 取出1當中的香草束，將鰻魚、蔬菜和湯汁分開。湯汁放入鍋中煮至沸騰後撈除浮渣。
3 平底鍋中放入奶油使其融化，放入鰻魚煎至表面熟熱。澆淋上渣釀白蘭地後點火燄燒（flambé），熬煮湯汁。取出鰻魚。
4 在3當中加入2的蔬菜，拌炒至熟軟。放回鰻魚加入2的液體和香草束，撒上鹽、胡椒，蓋上鍋蓋，熬煮20～30分鐘，使其略為噗吱噗吱沸騰的程度。
5 取出鰻魚，存放在溫熱的場所。過濾煮汁熬煮至風味濃縮於其中。以鹽、胡椒調味後，放入麵粉油糊使其成為具濃稠的醬汁。
6 洋菇切成月牙狀，以奶油拌炒。
7 小洋蔥剝皮放入小鍋中，加入水分至洋蔥一半的高度，連同奶油、鹽、胡椒、砂糖一同熬煮，製作成亮面煮（glacés）。
8 培根切成棒狀，用奶油拌炒後瀝乾油脂。
9 吐司切成方塊，用清澄奶油烘烤成麵包丁。

完成

鰻魚放回醬汁中溫熱，連同醬汁一起盛放至深型器皿中。散撒上洋菇、小洋蔥、培根、麵包丁，飾以平葉巴西利碎。

諾曼第

| DATA |

聖米歇爾山（Mont-Saint-Michel）
卡昂（Caen）
盧昂（Rouen）

地理	法國北部，面對英吉利海峽的地方。東部有塞納河流過，西部則有突出海面的科唐坦半島（Péninsule du Cotentin）。同時擁有美麗的海岸線和田園風景。
中心都市	東邊上諾曼第有盧昂。西邊下諾曼第有卡昂。
氣候	北國氣候，雖然溫度不高，但相對來看屬溫暖多雨。
其他	諾曼第公國建國當時，以盧昂為首都。

經典料理

Tripes à la mode de Caen
牛肚與調味蔬菜、蘋果白蘭地（calvados）、蘋果氣泡酒（cidre）的燉煮料理

Canard au sang à la rouennaise
蒸烤盧昂產血鴨

Moules marinières au cidre et à la crème
添加鮮奶油、蘋果氣泡酒蒸淡菜

Barbue à la dieppoise
第厄普風味（Dieppoise）比目魚。佐以鮮奶油醬汁等

Omelette à la crème
添加鮮奶油的歐姆蛋

Andouille de Vire
煙燻豬腸

Véritable andouille de Vire
豬內臟製作的香腸

　　法國北部，面對英吉利海峽的諾曼第地方，以卡昂為中心的西側，稱為"下諾曼第Basse-Normandie"，以盧昂為中心的東側，則稱為"上諾曼第Haute-Normandie"。"下諾曼第"側的科唐坦半島（Péninsule du Cotentin）的聖米歇爾山（Mont-Saint-Michel），以矗立在淺灘的修道院而聞名。

　　此地，在十世紀有斯堪地那維亞的維京人在此建立了諾曼第公國。之後經過長年的英法領土之爭，在十五世紀時成為法國領地，但在第二次世界大戰時成了戰地，是近代史上波瀾不斷的地方，但眼前所見之風景卻出乎意外地悠閒輕鬆。風平浪靜的海洋、塞納河流經的悠閒，有此美景的諾曼第，從巴黎可以輕鬆前往的距離，現在以休養聖地而廣受歡迎。

　　氣候上也相對較溫暖、穩定。但因多雨，牧草長青，而成了法國最著名的酪農地帶。眼睛周圍帶黑圈的諾曼第牛，享受著青青牧草，堪稱是最能代表諾曼第的風景，而優質的乳製品也成了當地的代表食材。以卡門貝爾起司為首，更製作出各種熱門起司，鮮奶油和奶油的生產量也很大。

因印象派畫家克洛德・莫內（Claude Monet）的畫作而更為人所知的盧昂大教堂。是十二世紀中期的哥德式建築。擁有法國最高151公尺的尖塔。

法國首屈一指的酪農王國諾曼第，隨處可見啃食青草的牛隻。該地除了乳牛、肉牛之外，豬隻的飼育也非常盛行。

盧昂舊市區中仍並列著相當多木造組合的建築。好天氣時，邊眺望古老建築的街道邊享用咖啡休息一下，也是一大樂事。

當然，面海地區的魚貝類也很豐富。諾曼第近海最容易捕獲的是比目魚和蝦、淡菜、牡蠣等。值得一提的是食用沿海地區野生青草飼養，帶著鹹味的鹽草羔羊（Agneau de pré-salé）也是當地名產。其他像是河川中捕獲的虹鱒、鰻魚等；家畜類的豬、小牛；家禽類的珠雞、嫩雞等，各種飼育都十分盛行。肉類加工食品（charcuterie）的生產也很多，卡昂西南城市中，用小牛製作的肉腸（andouille）也極負盛名。

關於農作物，雖然蔬菜也不少，但以蘋果、櫻桃、洋梨等水果為主力。蘋果可大幅運用在糕點、料理等，也可釀製酒類，像是蘋果氣泡酒（cidre）和蘋果白蘭地（calvados）的原料。當地未栽植葡萄，也沒有釀造葡萄酒，因此蘋果氣泡酒和利用蘋果氣泡酒蒸餾釀造的蘋果白蘭地，就取代葡萄酒，成為當地最受歡迎的酒類飲品。所以蘋果可說是當地最具代表性的存在，也栽植了相當多的品種，依其用途區分使用。雖然現在蘋果白蘭地多作為餐後酒，但當地人在用餐時助消化，刺激食慾，會飲用蘋果白蘭地，就稱為"Trou Normand諾曼第之洞"，是此地才有的習慣。

比目魚 Sole

廣泛分布於地中海、大西洋等，其中諾曼第所捕獲的多佛比目魚（Dover sole），肉質特別豐厚、味道濃郁。

諾曼第牛 Vache normande

黑、白、咖啡三色交錯的諾曼第原產牛種。飼育作為乳牛和肉牛。該地的肉類和乳製品的生產量，約占法國全國的四分之一。

鹽草羔羊 Agneau de pré-salé

聖米歇爾（Mont-Saint-Michel）灣等，定期被海水覆蓋的沿海牧草地所飼育的羔羊。因食用了含碘和鹽分的牧草，具有獨特的風味。

伊思尼的奶油 Beurre d'Isigny（A.O.C.）

面海的卡爾瓦多斯（Calvados）省，伊思尼所生產的香滑奶油。1986年，與鮮奶油一同取得A.O.C.認證。帶有牛乳自然的甘甜和堅果的香氣。

聖米歇爾的淡菜
Moule de bouchots Mont-saint-Michel（A.O.C.）

西南部聖米歇爾（Mont-Saint-Michel）養殖的淡菜。2006年首次以水產品取得A.O.C.的認證。外殼是深藍色，體型小且為鮮豔的橘色。具濃郁的美味。

● 起司

諾曼第的卡門貝爾起司
Camembert de Normandie（A.O.C.）

南部卡門貝爾一整年生產，以牛奶為原料的軟質起司，表面覆有白黴。從十八世紀左右開始製作，1983年取得A.O.C.認證。

利瓦羅起司 Livarot（A.O.C.）

具有獨特發酵香氣，由利瓦羅（Livarot）產的牛奶製成軟質起司。在1975年取得A.O.C.認證。周圍5支燈芯草彷若陸軍上校的階級勳章，所以也被稱為"Colonel陸軍上校"。

● 酒

蘋果氣泡酒 Cidre

以蘋果汁天然發酵釀造的微氣泡酒。有不甜（酒精濃度4～5%）和甜味（酒精濃度1.5～3%）。奧日（Auge）產的酒在1996年取得A.O.C.認證。

蘋果白蘭地Calvados

蒸餾蘋果氣泡酒釀造的白蘭地（eau de vie）。酒精濃度40%，因有助於消化，常被作為佐餐或餐後酒飲用。

用蘋果製作的氣泡酒，再經過蒸餾，靜置於橡木桶中釀造成蘋果白蘭地，是當地著名的酒，與蘋果氣泡酒並列為諾曼地的最愛。

矗立在淺灘，聖米歇爾山（Mont-Saint-Michel）的修道院，是八世紀至十三世紀間建造的世界遺產，也是最受歡迎的觀光景點之一。

1060年威廉一世（征服者）所建的卡昂城堡（Château de Caen），廣為人知是西歐最大城堡之一，現僅殘存城牆。

奧日河谷風味珠雞
Pintade sautée vallée d'Auge

利用蘋果汁的釀造酒－蘋果白蘭地和蘋果氣泡酒，
加上鮮奶油燉煮的烹調方法，是諾曼第的經典料理。
處理分切珠雞，先煎表面後再進行燉煮。
呈現清爽柔和風味。

材料（4人分）

珠雞（1.2kg大小） 1隻
鹽、胡椒 各適量
奶油 20g
沙拉油 2大匙
蘋果白蘭地（calvados） 60cc
紅蔥頭（切碎） 2個
蘋果氣泡酒（cidre） 500cc
雞基本高湯（→P224） 200cc
鮮奶油 250cc

配菜
焦糖蘋果（→P247）

1 在處理分切好的珠雞（P234）表面撒上鹽和胡椒。
2 將表皮朝下地放至倒有沙拉油和奶油的平底鍋中，以中火避免過度燒焦地香煎。
3 取出珠雞肉，在鍋中放入切成適度大小的雞骨架，以中火拌炒。待上色後取出放至網篩上，除去鍋中殘留的油脂。
4 將3的珠雞肉和骨架放回鍋中，加入蘋果白蘭地。離火，用噴槍點火焰燒（flambé）。加入紅蔥頭拌炒。
5 倒入蘋果氣泡酒和雞基本高湯至淹蓋食材，用大火加熱。
6 待沸騰後，仔細地撈除表面浮渣，轉成小火維持表面略微沸騰的程度。
7 加入配菜切剩下的蘋果（用量外，P247），撒放鹽和胡椒。
8 清潔鍋緣，覆上鍋蓋，以小火燉煮。
9 持續觀察受熱程度，依序取出胸肉、翅膀、腿肉，包覆保鮮膜置於溫熱場所。
10 仔細撈除9的煮汁浮渣，用稍大的火略加熱煮，加入鮮奶油和蘋果白蘭地（用量外），熬煮至產生濃稠為止。以鹽和胡椒調整風味。
11 以圓錐形濾網過濾煮汁二次。第一次用湯杓邊按壓邊過濾出全部的液體，之後再次過濾。轉成小火，再度溫熱。
12 將珠雞肉放回11的鍋中，以極弱的小火加熱數分鐘。煮汁的濃稠度不足時，可以添加奶油提香並增添滑順度（monter）。

完成

將珠雞肉盛盤，倒入適量的煮汁。其餘的醬汁放入醬汁盅一起上桌，在腿肉末端包上紙卷裝飾。焦糖蘋果則另外盛盤搭配享用。

諾曼第風味比目魚
Sole normande

近似諾曼第風味、搭配濃郁醬汁的一道料理。
首先主要食材的比目魚是用白葡萄酒蒸煮，
在蒸煮湯汁中添加鮮奶油和奶油，完成滑順口感的醬汁製作。
螯蝦、油炸淡水的鉤魚（goujon）等，也經常作為配菜一起盛盤。

材料（4人分）

比目魚　4條	**配菜**
韭蔥　30g	淡菜　250g
洋蔥　1/4個	牡蠣　8個
紅蔥頭　2個	蝦　250g
香草束（→P227）　1把	紅蔥頭　1個
白葡萄酒　200cc	百里香　1枝
魚鮮高湯（→P225）　300cc	白葡萄酒（不甜）　100cc
鹽、胡椒、奶油　各適量	奶油　30g
	鹽、胡椒　各適量

醬汁

鮮奶油　300cc	裝飾用螯蝦（écrevisse）
蛋黃　3個	（→P245）
奶油　20g	油炸西太公魚（Hypomesus
鹽、胡椒　各適量	nipponensis）（→P245）
	裝飾用洋菇（→P251）　各適量
	吐司麵包（片狀）　4片
	清澄奶油　適量

1　完成比目魚的預備處理（P238），排放在塗抹了奶油的方型淺盤上。

2　間隙中放入切成薄片的韭蔥、洋蔥、紅蔥頭、香草束。倒入白葡萄酒和魚基本高湯，撒上鹽和胡椒。

3　覆蓋上內側刷塗奶油的烘焙紙，放入200℃的烤箱加熱10～15分鐘。

4　加熱後取出，除去沾附在魚肉上的調味蔬菜。以圓錐形濾網過濾蒸煮湯汁。

5　在供餐前先取出魚鰭根部的小魚刺，整理形狀。

6　製作配菜。在放入奶油的平底鍋中，拌炒切碎的紅蔥頭和百里香，加入清潔後的淡菜，撒上白葡萄酒，蓋上鍋蓋蒸煮。

7　待淡菜開殼後，取出並剝出貝肉，過濾蒸煮湯汁。

8　以7的蒸煮湯汁燙煮牡蠣，注意避免沸騰地持續加熱，待其膨脹並有彈性後取出。

9　蝦也用同樣的湯汁煮至轉熟為紅色。

10　將鮮奶油混合4的蒸煮湯汁，熬煮至風味濃縮並會沾裹住湯匙的濃稠度。

11　用少量的鮮奶油混合蛋黃在完成時加入，避免沸騰地轉為小火加熱。

12　待出現濃稠後過濾，以鹽和胡椒調整風味。加入20g的奶油提香並增添滑順度（monter）。

13　吐司麵包切成諾曼第的N，放在倒入清澄奶油的平底鍋中煎成金黃色。

完成

　　將比目魚盛盤，倒入醬汁，適當地佐以各種配菜。

諾曼第風味烤全雞
Poulet rôti à la normande

使用當地飼育的雞隻所烹調的全雞菜餚。

內臟也搭配豬肉等製成內餡（farce），填入雞腹內烘烤。

可以品嚐到全雞美味的一道料理。

醬汁使用蘋果和蘋果白蘭地製成的奶油醬汁。

佐以蘋果和洋菇一起盛盤享用。

材料（4~5人分）

雞　1隻
內餡
 ┌ 雞的肝臟、雞胗、心臟　各1個
 ├ 豬絞肉　150g
 ├ 紅蔥頭（切碎）　1個
 ├ 平葉巴西利（切碎）　2枝
 ├ 全蛋　1個
 └ 鹽、胡椒　各適量
沙拉油、奶油　各適量
大蒜（帶皮）　1瓣
百里香　1枝

醬汁

雞的頭骨和脖子肉　1隻的分量
大蒜　1瓣
紅蔥頭　1個
剩餘蘋果片　適量
蘋果白蘭地　100cc
鮮奶油　300cc
小牛基本高湯（→P224）　200cc
奶油、鹽、胡椒　各適量

配菜

洋菇　150g
青蘋果　2個
檸檬汁、水　各少量
奶油　適量

1 製作內餡。用奶油拌炒切碎的紅蔥頭，放涼備用。切碎的雞肝、雞胗、心臟和其餘內餡材料混合拌勻。

2 雞的預備。劃切脖頸處表皮，捲起表皮切下頸骨和頸肉再切成塊狀，取下作為醬汁使用。切除Y形骨和尾部的皮脂腺。

3 雞腹中央空洞處撒上鹽和胡椒，填裝內餡後，綁縛（brider）（→P232 製作方法 **11 ~ 21**）。擺放在倒有沙拉油和奶油的烤盤上。加入百里香和帶皮拍碎的大蒜，以220℃的烤箱烘烤約1小時15分鐘，加熱至整體完全受熱。過程中，每隔15分鐘進行一次油脂的澆淋（arroseur）。

4 製作配菜。轉削洋菇（tourner），連同少量的水、檸檬汁和奶油一起加熱。

5 青蘋果去皮，挖成球狀，放進加入奶油的平底鍋中拌炒。其餘的蘋果切片留待醬汁製作時使用。

6 製作醬汁。拌炒切成塊狀的頸骨和頸肉，加入切成薄片的紅蔥頭和對半切開的大蒜、剩餘的蘋果塊，繼續拌炒。

7 待蔬菜拌炒成透明後，倒入蘋果白蘭地、小牛基本高湯，熬煮至雞和蘋果的美味完全釋出為止。以圓錐形濾網過濾，加入鮮奶油。

8 待出現濃度後，再次過濾，用鹽和胡椒調整風味。以奶油提香並增添滑順度（monter）。

完成

在盤中倒入大量醬汁，解開綁縛全雞的綿線，整隻盛盤。搭配洋菇和蘋果。

B RETAGNE

布列塔尼

坎佩爾（Quimper）

蓋朗德（Guérande）

雷恩（Rennes）

聖馬洛（Saint-Malo）

地理	位於法國北部最西端。全區皆在突出於大西洋的半島上，被複雜的海岸線所包圍。
中心都市	雷恩。位於從巴黎利用TGV（高速列車）約2小時可達之處。
氣候	因地處高緯度，雖較為涼冷，但因受大西洋暖流的影響而不致嚴寒。夏季乾燥、冬季濕度較高。
其他	留有史前時代石棚（Dolmen）和巨石（Menhir）遺蹟而著名。

經典料理

Soupe de sarrasin au lard et au lait
培根和牛奶風味，蕎麥粉製成的湯

Kig ha farz
蔬菜高湯燉煮蕎麥粉和豬五花

Cotriade
用高湯煮海鰻、牙鱈和馬鈴薯等的鍋料理

Maquereaux à la quimpéroise
用調味蔬菜高湯燙煮鯖魚佐以蛋黃醬

Rognons de veau au cidre et au lambig
香煎小牛腎佐蘋果氣泡酒和蒸餾蘋果酒的醬汁

Andouille de Guémené
煙燻切面呈年輪狀的香腸

位於法國西北端、突出在大西洋半島上的布列塔尼。該地在五世紀時，從對岸英國來的蓋爾特人（Celt）所建立的"小布列塔尼亞Britannia"是其由來。在此有人使用獨特方言的布列塔尼語（Brezhoneg）、有著蓋爾特風格的建築等，都起源於這段歷史。主要的都市是東部的雷恩。

布列塔尼的北、西、南三方海洋環伺，因此從風味濃郁的龍蝦，以至於鱸魚、鯛魚、蝦、蟹等各式魚貝類都能捕獲。最能表現出豐富的海味，就是稱為「plateau de fruits de mer海鮮盤」，以數種新鮮貝類、甲殼類等豐盛組合的料理。搭配添加檸檬、紅蔥頭的油醋醬、蛋黃醬、裸麥麵包、奶油一起享用，最經典具代表性。是一道能品嚐新鮮食材美味魅力的知名菜色，在巴黎也深受喜愛。其他還有沿海飼育帶著鹽分的鹽草（pré-salé）羔羊、優質海鹽都是當地名產。鹽產地最有名的蓋朗德（Guerande），在實際行政劃分上是屬於旁邊的南特（Loire Atlantique）（地圖*）。但依過去布列塔尼公國時的州郡劃分，至今「蓋朗德的鹽」還是被傳頌為布列塔尼特產。

東部渡假勝地，聖馬洛港櫛比鱗次的帆船。最前端的是過去曾經從紐西蘭運送羊毛、從中國運送紅茶的英國船。

雷恩在1720年曾因大火而燒毀半個城鎮。但現今舊市區仍殘留著過去古老木造或石造的建築。照片中是尚雅克廣場（Champ-Jacquet）周邊。

這是位於雷恩西南方的美麗村落羅什福爾（Rochefort-en-Terre）的教堂Notre-Dame-de-la-Tronchaye，在十二世紀到十九世紀所建造。

朝鮮薊 Artichaut
此地生產約佔法國全國8成的朝鮮薊。主要有大顆的camus品種和lcastel品種，甘甜帶有苦味。

海蘆筍 Salicorne
與海鹽為其養分培育的陸洋栖菜（Saltwort）很近似的植物，被稱作是「海裡四季豆」。柔軟含豐富的礦物質。帶著自然的鹹味，可生食。

蕎麥粉 Farine de sarrsain
混合鹽與水製成麵團，薄薄烘烤成餅皮，再包夾食材做成「法式烘餅galette」等。自古以來即為該地區之主食。

牡蠣 Huître
北部的康卡勒（Cancale）、潘波勒（Paimpol）；南部的布龍（Bron）、基伯龍（Quiberon）等都盛行養殖。康卡勒（Cancale）和布龍（Bron）產的是平殼牡蠣，大多是生鮮地澆淋檸檬汁、搭配塗抹奶油的麵包一起享用。

布列塔尼龍蝦 Homard breton
帶著青殼特徵的龍蝦。蝦肉白且緊實，具透明感、具有鹹味且味美。在龍蝦中，相當受到推崇與喜愛。

奶油 Beurre
當地生產含鹽、無鹽、添加海藻等各式各樣的奶油。其中含鹽奶油的使用頻率最高，用於法式焦糖奶油酥（Kouign-amann）或牛奶糖等糕點。

蓋朗德的鹽 Sel de Guérande
位於半島底部南邊的蓋朗德，其周邊所生產的天然海鹽，西元前即有此歷史。鹽分不高且風味柔和，富含礦物質。

● 起司

傑瓦起司 Abbaye de la Joie Notre-Dame
南部城市康佩內阿克（Campénéac）的傑瓦修道院 la Joie Notre-Dame所製作的牛奶起司。無加熱的半硬質洗浸類起司，具彈性。

● 酒

蘋果氣泡酒 Cidre
以蘋果汁製作的氣泡酒，酒精濃度3～5%。西部城市坎佩爾（Quimper）的科努瓦耶（Cornouailles）地區釀造的蘋果氣泡酒已取得A.O.C.認證。

蒸餾蘋果酒 Lambig
用布列塔尼的蘋果氣泡酒釀造的白蘭地（eau de vie）。在橡木酒桶中經4年熟成釀造。擁有“fine de Bretagne布列塔尼特選”之名。

農業也相當盛行。布列塔尼是陰天較多的北方，還有複雜的海岸線，可以看到波濤洶湧的景色，所以很容易會覺得是氣候嚴苛之地，但其實大西洋受到流入墨西哥灣流的影響，冬天也沒有那麼嚴寒。另外，降雨量也比法國平均雨量少，但因有適當的濕度，所以內陸廣大的土地可以栽種朝鮮薊、花椰菜、白腰豆、草莓、香瓜、蘋果等各式各樣的蔬菜和水果，沿海還有海蘆筍（salicorne）栽植。

蕎麥也是當地名產。在不適合種植小麥的當地，蕎麥從過去就作為主食而被重視，其中「法式烘餅galette」就是這個地方的名產。另外蕎麥粉的法語是 "farine de sarrasin 薩拉森人（Saracen）的粉"，由過去布列塔尼的航海家從亞洲帶回法國。

另外，關於酒類，與東方相隣的諾曼第一樣，不產葡萄酒，因此用蘋果製作的蘋果氣泡酒也成為日常飲用酒。另外，用蕎麥花蜂蜜為基底的「Chouchen（Hydromel）蜂蜜蘋果酒」或「Poiré洋梨酒」，也很受歡迎。布列塔尼也有用蕎麥作為原料，使用海水等製作出各種各樣不同風味的啤酒。實際上，這裡也是非常喜好啤酒的地方。

大量使用奶油製作成具厚度的酥脆餅乾「布列塔尼奶油酥餅Galletes Bretonnes」。是布列塔尼著名的糕點，現在仍有很多工場在生產。

有著 "世界的盡頭" 意思，布列塔尼西端的菲尼斯泰爾（Finistère）省，有著波濤起伏的岩岸，此地留有濃厚蓋爾特（Celtic）文化的色彩。

西部的蓬拉貝（Pont-l'Abbe），穿著精緻刺繡的傳統黑衣和白色蕾絲帽的女性緩步而行地參加每年7月舉行的 "刺繡祭"。

甲殼和貝類酥皮湯
Soupière de crustacés et coquillages en croûte

螯蝦（langoustine）、新鮮干貝、淡菜等，各式各樣的海味，
搭配濃郁醬汁品嚐享用的料理。
覆蓋上酥皮（feuilletée）麵團，以蒸烤狀態受熱，
讓食材融合出鮮美的好滋味。

〔解說→P30〕

阿莫里坎風味龍蝦
Salade de homard aux légumes armoricains

利用布列塔尼最具代表性的特產龍蝦以及
口感極佳Camus品種的大型朝鮮薊製成的沙拉。
油醋醬使用的是香氣十足的蘋果油醋醬。
所謂的阿莫里坎（Armoricains），是法國西部在七世紀前的名稱。

〔解說→P32〕

甲殼和貝類酥皮湯

材料（6人分）

螯蝦（大）　6隻
斑節蝦　6隻
牡蠣（中）　6個
新鮮干貝（貝柱）　6個
淡菜　1kg
紅蔥頭　2個
白葡萄酒　100cc
苦艾酒（Vermouth）　40cc
鮮奶油　400cc
番紅花、奶油、胡椒　各適量

配菜

紅蘿蔔　200g
韭蔥（蔥白部分）　200g
洋菇（小）　200g
蝦夷蔥（ciboulette）　2把
奶油、鹽、胡椒　各適量

完成

折疊派皮（feuilletée）麵團（→P244）　250g
蛋液
├ 全蛋　1個
└ 蛋黃　2個
苦艾酒　適量

1 用刀子插入外殼間隙拆除貝柱，剝出牡蠣。殼內的汁
　 液過濾備用。

2 溫熱1的汁液，在汁液中略略汆燙牡蠣。之後步驟會
　 再度加熱，因此這個階段半生狀態即可。再次分開汁
　 液和牡蠣，過濾汁液。

3 除去淡菜的足絲，放入以奶油拌炒切碎的紅蔥頭當
　 中。倒入白葡萄酒，蓋上鍋蓋，蒸煮至淡菜開殼為
　 止。開殼後立刻熄火，撒上胡椒拌勻。

4 淡菜放入網篩中，瀝乾水分，除去外殼。淡菜貝肉上
　 的黑色腸胃不甚美觀，所以除去。

5 過濾淡菜的蒸煮湯汁備用。過濾時，為除去細砂而使
　 用鋪著廚房紙巾的圓錐形濾網。

6 用鍋子煮沸淡菜和牡蠣的汁液、苦艾酒和番紅花。牡
　 蠣的汁液含有較強的鹽分，所以需酌酌的添加用量。

7 待煮至沸騰後轉為小火，番紅花釋出顏色和香氣後，
　 加入鮮奶油。用胡椒調味，加入奶油以增加濃度。

8 持續注意避免沸騰，略為汆燙預備處理過的螯蝦
　 （→P241）、斑節蝦、新鮮干貝至半熟程度。

9 蝦類等以濾網撈取。之後會用折疊派皮麵團覆蓋容
　 器，為避免醬汁過熱會導致麵團垂落，所以先以冰水
　 墊放冷卻備用。

10 大蒜、韭蔥、洋菇各切成細絲（julienne）狀。考量到遇
　 熱後的外觀，請注意粗細均勻。在放有奶油的平底鍋
　 中，依序加入紅蘿蔔、韭蔥、洋菇，避免上色地進行
　 拌炒。

11 邊以鹽和胡椒調整風味邊進行拌炒。待全體軟化後，
　 以濾網瀝去水分。

12 在耐熱的湯皿中先鋪放蔬菜，再排放貝類、蝦類。撒
　 放苦艾酒和蝦夷蔥（ciboulette），倒入9。用量大約是
　 容器深度的2/3以下。

13 將折疊派皮麵團擀壓成2～3mm厚、略大於湯皿口徑的
　 圓形，在邊緣刷塗蛋液。

14 使麵團刷塗蛋液處能貼合地將其覆蓋在湯皿上。表面
　 刷塗蛋液，放入冷藏室使其乾燥。重覆如此作業3次
　 後，放入220℃的烤箱約烘烤10分鐘。

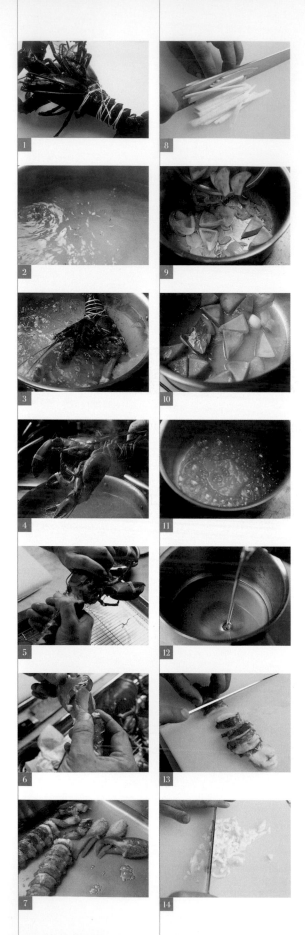

阿莫里坎風味龍蝦

材料（4人分）

龍蝦　4隻
調味蔬菜高湯（court-bouillon）（→P226）
鹽、胡椒（粗粒mignonnette）　各適量

燴煮（Barigoule）朝鮮薊
- 朝鮮薊（camus品種）　2個
- 洋蔥（薄片）　1/6個
- 百里香　1枝
- 月桂葉　1/2片
- 大蒜　1瓣
- 橄欖油　2～3大匙
- 雞基本高湯（→P224）　50～60cc
- 鹽、胡椒　各少量
番茄　2個
馬鈴薯　2個
塊根芹（celeri-rave）　1/2個
檸檬汁　適量
洋蔥（小）　1/2個
全蛋　3個
油醋醬（混合以下材料）
- 蘋果醋　3大匙
- 柳橙汁
- 檸檬汁
- 葡萄柚汁　各1大匙
- 橄欖油
- 葵花油　各4大匙
- 鹽、胡椒　各適量

完成
蝦夷蔥（ciboulette）、香葉芹（chervil）　各適量

1　固定龍蝦，用綿線將2隻龍蝦腹部貼合地綁縛。若只有 1隻時，則以湯匙或棒子等來調整形狀。

2　在調味蔬菜高湯中添加鹽和胡椒，以小火加熱。

3　放入龍蝦，蓋上鍋蓋燙煮。燙煮時間的參考約是1kg的 龍蝦10分鐘。

4　待煮至轉為紅色後，取出並拆除綁縛綿線，降溫。

5　扭轉蝦體使其分解，拆下蝦鉗。由蝦殼中取出蝦肉。 趁溫熱時拆除蝦殼較佳。一旦完全冷卻後，蝦殼也會 變硬，蝦殼與蝦肉會緊密貼合不易取出蝦肉。

6　蝦鉗的部分，使用刀子插入蝦殼的隙縫，避免破壞形 狀地輕巧取出蝦肉。

7　整理形狀，浸泡在放涼的煮汁中保存備用。

8　用刀子剝除塊根芹的外皮，切成細絲狀，為防止變色 地灑上檸檬汁。

9　朝鮮薊以燴煮（Barigoule）法製作（也可以簡單地以檸 檬水燙煮）。完成預備處理後，將切成適當大小的朝鮮 薊加入用橄欖油和壓碎的大蒜拌炒的洋蔥薄片、百里 香、月桂葉當中。

10　加入少量雞基本高湯、鹽和胡椒，蓋上鍋蓋蒸煮至 柔軟。

11　製作油醋醬。將蘋果醋、柳橙汁、檸檬汁、葡萄柚汁 放入鍋中燴煮。

12　待11降溫後，加入混合好的橄欖油和葵花油，用鹽和 胡椒調整風味。

13　供餐前將龍蝦身切成大塊（médaillon）狀。若有泥腸也 一併除去。將洋蔥切成極薄圓片、番茄以熱水汆燙去 皮切成月牙形、馬鈴薯燙煮後切成5～6mm的圓片。

14　雞蛋水煮後分開蛋黃和蛋白，用濾網過濾蛋黃使其如 含羞草花狀，蛋白切碎。

完成

1　在缽盆中放入塊根芹、朝鮮薊、洋蔥片、適量的油醋 醬和切碎的蝦夷蔥（ciboulette）混拌。利用環形模盛放 在盤底。

2　在1上擺放馬鈴薯、切片的龍蝦身，撒上14的蛋黃蛋 白碎。周圍用番茄盤飾。

3　擺放蝦鉗和蝦螯、蝦頭和蝦尾，以香葉芹（chervil）裝 飾。將剩餘的油醋醬滴淋在周圍。

蕎麥粉法式烘餅、煎蛋、火腿起司內餡
Galette au sarrasin avec œuf miroir, jambon et fromage

布列塔尼地方，特殊且廣為人知的蕎麥粉 "法式烘餅Galette"。
放入鹹口味的配料，折疊成四方形是常見的外觀。
最基本款的口味是太陽蛋、火腿和起司。
搭配當地的蘋果氣泡酒享用，美味非常。

麵糊（直徑約22cm大小12片的分量）
- 蕎麥粉　250g
- 全蛋　1個
- 鹽　適量
- 水　500cc
- 沙拉油　2大匙
- 啤酒　50cc

配料
- 全蛋
- 火腿
- 葛律瑞爾起司（Gruyère）（磨成絲）　各適量

完成

紅萵苣葉（sunny lettuce）　適量

1　在缽盆中放入蕎麥粉和鹽，在中央處打入雞蛋。以攪拌器邊攪散雞蛋邊少量逐次混拌入周圍的粉類。

2　少量逐次地添加水，使與1完全融合為一。

3　添加啤酒和沙拉油混拌。在冷藏室靜置2小時以上。

4　在防沾的可麗餅鍋中加入奶油（用量外）加熱，倒入3煎熟。麵糊儘可能薄薄地延展。

5　待麵糊表面開始產生鼓脹時，並排放上火腿和葛律瑞爾起司，打入雞蛋。將周邊的麵皮向內折入，使麵皮呈現方形。完成時雞蛋呈半熟狀態。

完成

盛盤，佐以紅萵苣葉。建議可以搭配蘋果氣泡酒一起享用。

法蘭西島

巴黎（Paris）

凡爾賽
（Versailles）

楓丹白露
（Fontainebleau）

地理	法國北部內陸地方。有塞納河、馬恩河（Marne River）、瓦茲河（L'Oise）流經，具有廣闊的悠閒田園景致。有楓丹白露等眾多森林。
主要都市	巴黎。
氣候	冬季雖略為寒冷，但有偏西風等影響，整體而言溫暖。整年降雨少，日照長。
其他	巴黎在藝術、時裝等，是世界藝術文化的中心。

經典料理

Potage Argenteuil
蘆筍湯

Tête de veau sauce gribiche
燙煮小牛舌（附舌和腦髓）、佐以芥末蛋黃醬（水煮蛋、香草類、醋、橄欖油）

Sauté de veau chasseur
添加洋菇的燉煮小牛肉

Foie de veau Bercy
香煎小牛肝。佐以添加紅蔥頭、葡萄酒、骨髓、平葉巴西利的奶油貝西醬

Bœuf miroton
用燉牛肉剩餘的牛肉製成焗烤

Côte de porc charcutière
香煎豬五花肉、佐以酸黃瓜洋蔥醬（Charcutière sauce）（酸黃瓜、洋蔥、醋、黃芥末）

法蘭西島（Île-de-France），位於法國中北部以首都巴黎為中心。有塞納河、馬恩河（Marne River）、瓦茲河（L'Oise）等環繞，形狀似Île（島）所以因而得名。南部有楓丹白露廣闊的森林，綠意豐美的平原，構成自然美麗的景色風貌，曾經是王公貴族們建築城堡、狩獵享樂之地。楓丹白露附近的村莊巴比松（Barbizon），就是以米勒、柯洛等十九世紀風景畫家們的聚集地而廣為人知。

有著肥沃土壤且日照時間長的溫暖地區，曾經栽植了眾多的蔬菜和水果，為供應皇宮所需。蘆筍於阿讓伊特（Argenteuil）、青豆於克拉馬爾（Clamart），都擁有相當大的生產地。隨著近年來的都市化，這些產地也逐漸消失，以巴黎栽種的蘑菇而得名的Champignon de Paris等，現在仍持續生產中，保有農業地帶。

農產品之外，河川有魚、森林有野味，家畜、家禽的飼育也十分盛行。另外，還有巴黎火腿（Jambon de Paris）等肉類加工食品（charcuterie）、莫城布里（Brie de Meaux）等優質起司、香濃的粒狀芥末醬等名產，食材豐

凡爾賽宮內"鏡廳"是國王謁見或進行儀式的房間。壁面並排的鏡面反射出窗外的光線，令人眩目。

位於綠意盎然巴黎郊外的凡爾賽宮，是路易十四結集當時頂尖的建築師和庭園景觀師所建造，還有以太陽神阿波羅為名的噴泉。

位於巴黎香榭麗舍大道（Avenue des Champs Élysées）東邊的協和廣場（Place de la Concorde），是法國大革命時，路易十六和皇后瑪麗‧安東妮被處決之地。

富。關於葡萄酒，在十九世紀為止都還生產品質良好的產品，但第一次世界大戰時，境內出現大量蚜蟲導致葡萄園被破壞，因此背景，即使現在重新開始，產量也不太多，但有蘋果氣泡酒、香橙干邑甜酒（Grand Marnier）等，幾款當地的酒類。在1969年，為增進國內外食材流通，而在巴黎南部設置了蘭吉市場（Rungis Market），使得法蘭西島（Île-de-France）的食材更加多彩多姿。

而且，該地因應王公貴族們的招聘，有來自各地的優秀廚師，製作出大家所熟知的豪華古典料理。現在作為法國料理的基本醬汁─貝夏美醬汁（sauce béchamel）、貝亞恩斯醬（sauce béarnaise）也是由此醞釀而來。另一方面，平民美食也應運而生。使用大量豬背脂的肉凍派、牛肉和蔬菜一起燉煮的法式燉鍋等。巴黎周邊從過去就是外地者聚集之地，再加上外國移民的增加，所以常見到各地或各國料理，可以窺見其他不同地區的複雜風貌。即使現在保有的傳統料理流派，巴黎的餐廳也不斷地在進化，使當地的飲食漸漸呈現多樣風貌。

阿讓伊特產的蘆筍 Asperge d'Argenteuil

巴黎西北同名城市，曾經是蘆筍著名產地。雖然現在幾乎已經不生產了，但大部分使用蘆筍的料理仍會冠以該城市之名。

巴黎蘑菇 Champignon de Paris

就是蘑菇。現在用的是人工堆肥培育的，但以前用的是馬糞。全年生產，可作為香煎、醬汁等的材料，此外，也可直接生食用於沙拉。

阿爾帕容產的 Chevalier白腰豆 Haricot Chevrier d'Arpajon

是白腰豆的一種。顆粒小，趁未成熟時採收所以呈現淡綠色。作為燉煮的搭配食材。Chevalier是最初栽培者的名字。

蒙特模蘭西的櫻桃 Cerise de Montmorency

北部的蒙特模蘭西附近，曾經栽植相當多小而味酸的櫻桃。用於果醬、塔餅或蒸餾酒，其他也能運用在料理的醬汁上。

烏當產的家禽 Volaille de Houdan

西部烏當產的嫩雞、肥母雞、閹雞。肉色深濃，肉質緊實且風味細緻。嫩雞的特徵是黑色羽毛中帶有白色斑點，且有雙重雞冠。

莫城產的黃芥末 Moutarde de Meaux

巴黎東北部的城市莫城所生產的粒狀黃芥末，部分粒狀被搗碎。作為葡萄酒醋的基底，有強烈的辣味。

● 起司

莫城布里起司 Brie de Meaux

用牛奶製作的莫城產圓盤狀起司，中間柔軟風味柔和。「布里Brie」指的是巴黎東邊廣大地方及在此製作的白黴起司。

黑布里起司 Brie noir

意思是"黑的布里Brie"。白黴起司放置一年左右，變成褐色熟成的產品，帶有強烈的發酵味道，當地會浸泡咖啡歐蕾後享用。

● 酒

香橙干邑甜酒 Grand Marnier

十九世紀後半起，在巴黎西部所釀造的利口酒。用干邑白蘭地浸漬苦橙皮1個月，蒸餾後在酒桶內熟成。也有使用白蘭地製作的成品，運用在糕餅或甜點上。

在十六世紀開始作為皇室狩獵場的楓丹白露，是法蘭索瓦一世（François I）招攬義大利工匠所建的城堡。拿破崙也曾住過。

從建於塞納河西提島的巴黎聖母院大教堂（Cathedrale Notre Dame de Paris）所見的巴黎夜景。位於巴黎中心、歷史建築林立的塞納河岸，已被登錄為世界遺產了。

位於巴黎市20區當中最中央，1區的凱旋門。遠處就是收藏大量繪畫雕刻的羅浮宮美術館。

尚普瓦隆風味羔羊鍋
Agneau Champvallon

據說是法國國王路易十四的情婦，
或是這位情婦的廚師所想出來，以羔羊帶骨脊肉製作。
洋蔥等搭配羔羊基本高湯蒸煮完成，具深層風味的料理。
利用蒸煮除去腥味強烈的脂肪，活用骨頭和碎肉的湯汁，完全展現羔羊美味的魅力。

〔解說→P40〕

龍蝦佐亞美利凱努醬
Homard à l'américaine

龍蝦頭與調味蔬菜、白葡萄酒、干邑白蘭地混合製作醬汁，
在醬汁中，確實浸泡加熱的龍蝦蝦身。
據說是從美國回到法國的廚師，
從 1860 年左右開始在餐廳製作供應的料理。

〔解說→P42〕

尚普瓦隆風味羔羊鍋

材料（4人分）

羔羊背脊肉（帶骨）　肋骨8支
沙拉油　50cc
鹽、胡椒　各適量

白色羔羊基本高湯
羔羊背脊肉的碎肉和骨頭　共500g
紅蘿蔔　1根
韭蔥（以綿線綁縛）　1根
洋蔥　1/2個
丁香（刺入洋蔥）　1個
西洋芹　1根
大蒜　1瓣
香草束（→P227）　1束
百里香
水、鹽、胡椒　各適量

配菜
百里香的葉片　1枝
洋蔥（薄片）　250g
白色羔羊基本高湯　500cc
奶油
沙拉油
鹽、胡椒　各適量
馬鈴薯（大）　1.2kg

清澄奶油
鹽、胡椒　各適量

1 完成預備處理的羔羊（→P234），邊整合全體厚度邊分切帶肉肋骨。若有多餘的脂肪或筋膜，則適度地切除。

2 加熱平底鍋，倒入沙拉油，放入撒上鹽的1，以中～大火煎。將分切面貼合平底鍋地加熱。

3 待羊肉上色後翻面，另一面與側面也同樣地煎上色。過程中，將溶出的油脂舀出丟棄。

4 待全體煎上色後，取出放置在擺有網架的方型淺盤上，撒上胡椒。平底鍋倒掉殘留的油脂後，用於配菜的烹調上。

5 製作白色羔羊基本高湯。在分切處理羔羊之際，將切下的骨架或碎肉用刀子敲碎並切成塊狀。除去多餘的脂肪後，用水浸泡以除去血水。

6 將5的骨頭和碎肉放入鍋中，倒入足以覆蓋食材的水量，以大火加熱。沸騰後仔細地撈除浮渣。

7 加進切成塊狀的調味蔬菜和香草類，撒入鹽、胡椒，以小火燉煮。

8 撈除過程中釋出的油脂和浮渣，煮1～2小時，用圓錐形濾網過濾。靜置於冷藏室一夜，凝固脂肪並撈除，就能成為具羔羊油脂特殊氣味的基本高湯了。

9 在煎羔羊肉時使用的平底鍋中，倒入沙拉油和奶油，仔細拌炒洋蔥至上色。

10 加入切碎的百里香、鹽和胡椒。若油脂太少洋蔥呈現乾燥狀態時，可以適度地補足奶油，加進白色羔羊基本高湯，煮至沸騰。

11 馬鈴薯去皮，切整成圓柱狀，再分切成2mm厚的片狀。浸泡在水中釋出澱粉，瀝乾。

12 在較深的耐熱皿內適度地舖放馬鈴薯片，再倒入10一半用量的洋蔥。

13 排放羔羊肉，再盛放剩餘的洋蔥，平整表面。用加了鹽和胡椒的清澄奶油混拌其餘的馬鈴薯片，並在表面排放成花瓣狀。白色羔羊基本高湯倒入容器內至3/4的高度，馬鈴薯的表面再澆淋上清澄奶油。

14 在13表面覆蓋上內側刷塗奶油並刺出蒸氣孔洞的鋁箔紙，放入200℃的烤箱中烤約20分鐘，加熱至馬鈴薯變軟為止。

龍蝦佐亞美利凱努醬

材料（4人分）

龍蝦（母） 2隻
洋蔥 1個
紅蔥頭 2個
西洋芹 1/2根
紅蘿蔔 1根
大蒜 1瓣
百里香
月桂葉 各適量
沙拉油 2大匙
干邑白蘭地 50cc
白葡萄酒 200cc
魚鮮高湯（→P225） 300cc
龍蒿（Estragon） 2枝
米 30g
白胡椒（粗粒mignonnette） 適量
番茄 60g
番茄糊
卡宴辣椒粉 各適量
奶油 100g
鹽、胡椒 各適量

1 這道料理使用的是母的龍蝦（照片左側）。因有卵巢，所以相較於右側更帶點黃色，蝦身也較寬。

2 完成龍蝦的預備處理（→P240），將兩隻蝦腹部貼合地以綿線綁縛起來，以避免加熱過程中蝦身彎曲。若僅料理1隻蝦時，則可以用湯匙等支撐。

3 連著蝦鉗的蝦螯部分就直接使用，足部的肉則適度地切碎。紅色蝦膏（corail）、分切時的透明血液和零碎蝦肉一起保留備用。蝦頭外殼留作裝飾。

4 鍋內倒入沙拉油和約20g的奶油加熱，將2和蝦螯一起放入煎。煎至表面完全變紅後取出放在方型淺盤上。

5 在4的鍋中放入足部切碎的肉和其他碎龍蝦肉、破碎的蝦殼等一起拌炒。再加入20g的奶油，切成細丁狀（brunoise）的洋蔥、紅蔥頭、西洋芹、紅蘿蔔、大蒜、百里香和以及月桂葉，拌炒至出水（suer）。

6 待食材變軟後加入龍蒿的莖，改以小火並灑上干邑白蘭地。

7 加入白葡萄酒熬煮，至酸味揮發後，倒入魚基本高湯和龍蝦血。

8 加入去籽帶皮切塊的番茄，和以少量的魚基本高湯稀釋的番茄糊。待沸騰後撈取浮渣，加入米和白胡椒。放入4的龍蝦。保持稍稍沸騰的狀態將蝦鉗煮4分鐘，蝦身煮5分鐘的程度。

9 將蝦鉗和蝦身取出，排放在方型淺盤上備用，在供餐前先剔除蝦殼，並分切。

10 取出煮汁中的香草。混合蝦膏，以攪拌機混拌。用圓錐形濾網過濾至鍋中，以小火加熱。加入鹽、胡椒、卡宴辣椒粉。

11 撈除浮渣，加入切成小塊狀的60g奶油（蝦膏豐富的季節時則用蝦膏奶油）提香並增添滑順度（monter）。

12 以圓錐形濾網過濾，加入切碎的龍蒿葉。

完成

剔除外殼的龍蝦肉排放在較深的盤皿中，倒入大量的醬汁。以蝦頭和蝦尾的殼裝飾。

細繩牛菲力佐香草醬汁
Filet de bœuf à la ficelle, sauce aux fines herbes

所謂"ficelle"是細繩的意思。正如其名是用綿線綁縛牛菲力，為了使肉質更為柔軟，所以採用在高湯中宛若游泳般的受熱方式，使其緩慢地加熱烹煮的料理。

加熱時要注意避免使高湯沸騰，是能品嚐到牛肉柔軟的口感和美味的一道成品。

焗烤牛頰肉與馬鈴薯
Parmentier de noix de joue de bœuf

拌炒牛肉、洋蔥和馬鈴薯，層疊在焗烤盤內，撒上起司後放入烤箱烘烤。是一道香氣十足的魅力料理。將蒸煮（braiser）的牛頰肉攪散，加入甘薯完成這道濃郁美味的料理。

這道料理名稱的Parmentier*，是十八世紀至十九世紀間，一位活躍於法國農業學者的名字，也是將馬鈴薯普及化的人。

*因此許多馬鈴薯料理都加上Parmentier之名。

細繩牛菲力佐香草醬汁

材料（4人分）

牛菲力　720g
牛高湯（Bouillon）（→P226）　2L

配菜

紅蘿蔔　3根
蕪菁　3個
馬鈴薯　3個
塊根芹（celeri-rave）　1/2個
櫛瓜　1根
櫻桃小番茄（Cherry tomato）　12～16顆
橄欖油
鹽、胡椒　各適量

香草醬汁

煮汁　100cc
鮮奶油　200cc
香葉芹（chervil）　10枝
龍蒿　5枝
蝦夷蔥（ciboulette）　1/2把
平葉巴西利　5枝
鹽、胡椒　各適量

完成

香葉片（chervil）、龍蒿
鹽之花、黑胡椒（粗粒胡椒）　各適量

1 在前一天製作牛高湯（P226）。
2 配菜當中，除了櫻桃小番茄之外，所有的材料都各別削皮，切除稜角（tourner），預先汆燙備用。
3 切除牛菲力肉當中的筋膜和多餘的脂肪，以綿線縛綁。綿線預留較長的尾端。
4 在直筒圓鍋中倒滿牛高湯加熱，待加熱至85℃時，放入3的牛菲力肉。將綿線尾端繫在鍋耳上，避免肉沈入鍋底地保持80～90℃進行加熱。
5 待適度受熱，達到理想的熟度，取出牛肉拆除綿線，存放在溫熱的場所。
6 將煮汁放入鍋中熬煮成半量，加入鮮奶油繼續熬煮。放入切碎的香草，用鹽、胡椒調整風味，製作成香草醬汁。
7 用其餘的煮汁燙煮2。
8 櫻桃小番茄去蒂直接放入熱水後，立即取出放入冰水中。由蒂頭處將表皮捲起。放置在方型淺盤中，撒上橄欖油、鹽、胡椒。以90℃的烤箱加熱20分鐘。

完成

1 牛菲力肉分切約180g，盛放至深盤中，倒入煮汁。佐以蔬菜。
2 在牛肉表面撒上鹽之花和粗粒黑胡椒，飾以香葉芹（chervil）和龍蒿。香草醬汁則放入小容器內。

焗烤牛頰肉與馬鈴薯

材料（6人分）

牛頰肉　1kg
紅葡萄酒　1.5L
紅蘿蔔　150g
洋蔥　150g
丁香　2個
大蒜　2瓣
香草束（→P227）　1束
沙拉油　適量
麵粉　30g
番茄　2個
鹽、胡椒　各適量

馬鈴薯泥

馬鈴薯　500g
含鹽奶油　50g
鮮奶油　50cc
鹽、胡椒　各適量

甘薯　500g
康堤（Comté）起司（磨削成粉）　100g

1 切除牛頰肉的筋膜，切成適當的大小。連同切成薄片紅蘿蔔和洋蔥、丁香、大蒜、香草束、紅葡萄酒一起放入缽盆中，放置在冷藏室12小時醃泡。
2 將1的肉、蔬菜和液體各別分開。丟棄丁香和香草束。
3 在平底鍋中加入沙拉油以大火加熱，放入牛頰肉。為鎖住牛肉中間的美味，先煎封住表面。加入蔬菜，撒入麵粉，再繼續拌炒。
4 將2的液體煮至沸騰加入3當中，再放入以熱水汆燙、剝皮、去籽，切成粗粒的番茄。撒上鹽、胡椒，放入180℃的烤箱內燉煮2~3小時。
5 待牛頰肉變柔軟後取出剝散。將煮汁過濾並熬煮後倒入牛頰肉絲拌勻。
6 製作馬鈴薯泥。用加了鹽的水煮熟馬鈴薯，趁熱去皮並按壓過篩。立刻加入奶油和鮮奶油，以鹽和胡椒調整風味。甘薯以加入1小撮鹽（用量外）的水煮熟，去皮，切成圓片狀。

完成

1 將攪散的牛頰肉絲半量填裝在耐熱容器內，依序疊放甘薯片、馬鈴薯泥。再次重覆疊放，使全部成為6層。
2 將康堤起司撒在表面，放入200℃的烤箱中。烘烤至呈現金黃烤色時，取出趁熱享用。

FLANDRE, ARTOIS ET PICARDIE

法蘭德斯、阿爾圖瓦、皮卡第

DATA

亞眠（Amiens）　　　　敦克爾克（Dunkerque）
里爾（Lille）
加萊（Calais）　　　　阿拉斯（Arras）

地理　　面對北海的北國東北角，接隣比利時國境。
　　　　有著綠色豐美的平原和緩坡連綿的丘陵。
主要都市　法蘭德斯有里爾；阿爾圖瓦有阿拉斯；皮卡
　　　　第有亞眠。
氣候　　雖然涼冷，但夏天相對氣溫較高。整年
　　　　乾燥。
其他　　從阿爾圖瓦沿岸加萊的港口，有很多出發前
　　　　往對岸英國的船班。

經典料理

**Râble de lapin des hauts de france farci
aux pruneaux**
兔背肉添加乾燥洋李的填餡料理

Salade de pissenlits aux harengs doux
蒲公英和鯡魚的沙拉

Hochepot
法蘭德斯風味的燉菜

Andouillette de Cambrai
以豬腸填入小牛內臟製成的香腸

Lucullus de Valenciennes
薄切煙燻牛舌佐肥肝醬麵包

Moules à la bière
啤酒蒸淡菜

　　法蘭德斯、阿爾圖瓦與皮卡第，是接隣比利時，法國最北的地方。都面北海，但和比利時相隣的是最東側的法蘭德斯，與諾曼第地區相連的是西側的皮卡第。法蘭德斯有里爾；阿爾圖瓦有阿拉斯；皮卡第有以大教堂聞名的亞眠，各別是其主要都市。因靠近邊界，所以至近代數次遭戰火波及而有悲慘的過去，也因作為北海的貿易交通樞紐而繁榮，在文化上具有相當大的發展。

　　整體而言，該地的文化最大的特徵就是受到比利時的影響。法蘭德斯有在比利時也能使用的獨特語言佛萊明語（Flamand），喝的不是葡萄酒而是啤酒。雖然是因為已經越過葡萄栽植的北界所以無法生產，但使用收成豐富的啤酒花製作風味醇香的啤酒，也能廣為使用在料理中，是當地引以為豪之處。最受歡迎的烹調方法是燉煮或蒸煮，沒有複雜的步驟，與樸質的比利時很相似。並且法蘭德斯也是法國北部通往荷蘭的地區，也可見其受到荷蘭影響的部分。

十三～十六世紀間建造的哥德式建築傑作，亞眠大教堂（Cathédrale Notre-Dame d'Amiens）。以美麗的裝飾和彩色鑲嵌玻璃而聞名，在1981年被認定為世界遺產。

各式色彩鮮艷的線，象徵當地曾經是紡織興盛之地。皮卡第是麻織品、法蘭德斯是毛織品，各有其擅長專業。

巴黎和里爾郊外的魯貝（Roubaix）之間，有一條約260公里、1日間騎完全程的自行車道，凹凸的石頭所疊起的綿延車道，以難行聞名。

特產如前所說，可以從北海捕獲的鯡魚、鯖魚、比目魚和新鮮干貝等魚貝類。魚類料理最常見的是蒸烤、煙燻、醋漬等，搭配沙拉是最經典的組合。此外河口附近也可捕獲鰻魚，但在法國北部，號稱法國水產量最高，阿爾圖瓦的布洛涅（Boulogne）等，具有很多優質的漁港。

美味的蔬菜也很多，最能代表法國北部的是菊苣。菊苣無論是生食或熟食，都能嚐到其中微苦的獨特味道，特別是當地的菊苣苦味特別強，依照傳統農耕法，用土覆蓋栽植。另外也盛行砂糖用甜菜（beet）的栽植，並將之加工製作成稱為初階糖（vergeoise）的粗糖。

其他，與西隣的諾曼第相同，出產乳製品。有很多當地優質奶油或起司都能活用在各種料理中，最具代表的是撒上大量洗浸起司"瑪瑞里斯起司Maroilles"和非蔥的塔餅「Flamiche」，是非常搭配啤酒的一道料理。值得一提的是，當地名產略帶橘紅的半硬質起司"米莫雷特Mimolette"，據說是受到喜愛的荷蘭起司被禁止進口後，才開始製作的，屬於國境交界地區才有的淵源。

甜菜 Betterave
葉柄和根部都是深紅色的，一般甜菜的變種。有食用、飼料用、砂糖用3種，特別是砂糖用甜菜在法國北部大量生產。

菊苣（Chicory）Endive
在這個地方也被稱為「Scion」、「Witrov」（法蘭德斯語是"白色的葉子"），是略帶苦味的菊科蔬菜。在法國全國都能收成，但在北部廣闊的土地，被特別仔細地培植，大多柔軟、品質優良。

蘋果 Pomme
早生種蘋果、法蘭德斯的Reinette品種、Jacques Lebel品種等等，能採收各種蘋果。在Canche流域，則大量生產蘋果氣泡酒。

牙鱈 Merian
鱈魚的一種，有黃色斑點，身體長度在40cm以下，是略小型的魚。白肉魚沒有特別的味道。

鯡魚 Hareng
脂肪成分豐富的銀色鯡魚，具有獨特的風味，是北部海灣沿岸料理的主角。從鹽漬、醋漬、燻製，以至燉煮、燙煮、燒烤等，運用範圍非常廣。

● 起司

瑪瑞里斯起司 Maroilles（A.O.C.）
用牛奶製作成方盤狀的柔軟起司。據說是1000年前瑪瑞里斯Maroilles村的修道院開始製作，具有法國最古老的歷史。有著具黏性、濃郁的優點。

米莫雷特 Mimolette
被稱為是「里爾Lille的球」，是上下平整球狀的半硬起司。來自Mi（半）molette（柔軟）的諧源。帶橘的黃色，以牛奶製成。

● 酒

加來海峽圈的啤酒 Blères du Nord-Pas-de-Calais
與比利時相同，此地的主要飲料是啤酒。生產的大多是後韻佳，酒精濃度偏高6～8%的類型。著名的有「La Graine d'Orge」、「La Ch'ti」、「La Septante 5」等。

杜松子酒 Genièvre
以穀類（大麥、燕麥、小麥、裸麥）和杜松子為基底釀造的酒，帶著香草般特殊香氣和微苦。是琴酒的原型。

亞眠（Amiens）運河沿岸，聖盧（Saint-Loup）區色彩鮮艷的半木造建築並列，也有很多咖啡及餐廳，是非常熱鬧的地方。

號稱法國北部最美的地方—阿拉斯（Arras），仍留著相當多歷史性的建築物。其中聖瓦斯特（Saint-Vaast）教堂的修道院，是建造於667年非常古老的建築。

法國數一數二的港灣都市，法蘭德斯北端位於敦克爾克（Dunkerque）。雖然是鋼鐵、化學等工業發達的城市，但也仍保留著古老美麗的街景。

佛萊明風味啤酒燉牛肉
Carbonnade de bœuf à la flamande

經過數日熟成增添美味的牛肩肉，以當地特產的啤酒進行蒸煮。
因啤酒的加持而能煮出軟嫩的口感，
與拌炒洋蔥的甜味融合為一，是一道具深層風味的料理。
使用香料麵包（Pain d'épices）融合醬汁，讓味道更加豐厚。

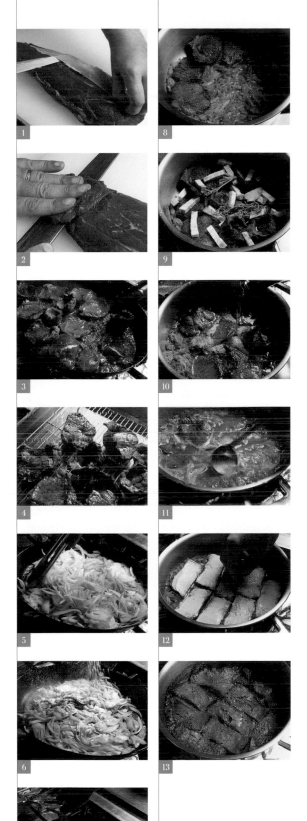

牛肩肉　1kg
洋蔥　6個
奶油或豬脂　30g
麵粉　2大匙
紅砂糖（cassonade）　2大匙
紅酒醋　2大匙
培根　100g
百里香、平葉巴西利莖、月桂
葉、杜松子（genièvre）　各適量

啤酒　300cc
鹽、白胡椒　各適量
小牛基本高湯（fond de veau）
　（→P224）　100cc
香料麵包、黃芥末醬　各適量

配菜
酒蒸紫甘藍（→P249）
水煮馬鈴薯（→P248）　各適量

1　預備經數日熟成的牛肩肉。首先以刀子仔細除去烹煮時會造成肉類收縮的白色筋膜。

2　刀子斜向切入，片切，或是也可以切成方塊狀。排放在方型淺盤上，兩面撒上鹽。

3　在鍋中放入奶油或豬脂加熱，待出現啪吱啪吱的聲音時，放進牛肉，煎至兩面呈現烤色。

4　取出牛肉排放在方型淺盤上。

5　丟棄3鍋中多餘油脂，再次放入新的奶油或豬脂，拌炒切成薄片的洋蔥。

6　撒入少量鹽繼續拌炒，待洋蔥的水分釋出，繼續拌炒至溶出鍋底的肉類美味成分。待洋蔥呈現糖色軟化後，撒上麵粉，充分拌炒。

7　加入紅砂糖，使其焦糖化。倒入紅酒醋，溶出鍋底精華（déglacer），熬煮至酸味揮發。

8　在燉煮鍋中舖放拌炒過的半量洋蔥，並於其上舖放用量一半的牛肉。

9　加入切成棒狀的培根和切成適當大小的月桂葉、白里香、平葉巴西利莖、壓碎的杜松子。

10　再依序疊放其餘的洋蔥和牛肉，倒入啤酒、小牛基本高湯至淹沒食材，以中火加熱。

11　用鹽和胡椒調味，保持中火加熱，待沸騰時撈除浮渣。轉成小火適度地清除鍋壁上的沾黏，再煮約10分鐘。

12　在切成5mm厚的香料麵包上塗抹黃芥末醬，排放在表面。蓋上鍋蓋，放入200℃的烤箱中。

13　邊調節溫度邊保持其略微沸騰的狀態，約加熱2小時。完成時香料麵包已吸飽煮汁，成為膨脹柔軟的狀態。

完成
　　將佛萊明風味燉牛肉盛放在鍋中，配菜則各別盛放在不同容器內。

皮卡第卷餅
Ficelle picarde

香煎洋菇、或是燙煮菊苣（endive）與火腿用可麗餅皮包捲，
澆淋上濃稠的醬汁和起司，放入烤箱中烘烤，
是樸實溫暖皮卡第的傳統料理。
傳統作法使用的是貝夏美醬汁（sauce béchamel）。

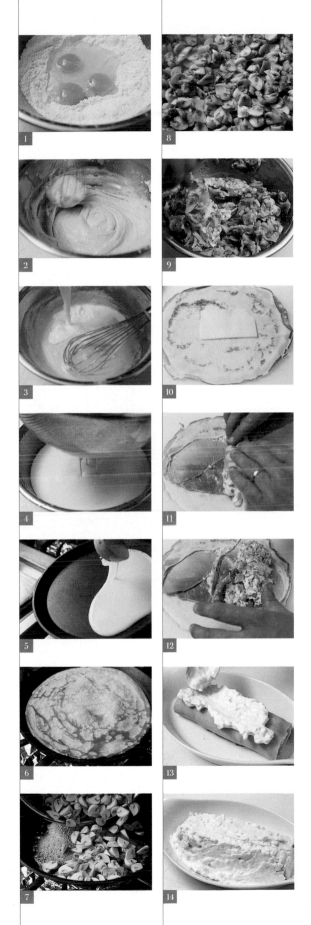

可麗餅麵糊
- 麵粉　100g
- 鹽　1小撮
- 全蛋　3個
- 牛奶　200cc
- 奶油　30g

內餡（farce）
- 洋菇　400g
- 紅蔥頭　60g
- 平葉巴西利　1/2把
- 法式酸奶油（Crème fraîche épaisse）（→P143*）　40g
- 葛律瑞爾起司（磨削成粉）　70g
- 奶油　30g
- 肉荳蔻　適量

火腿（Jumbon de paris／薄片）　6片
葛律瑞爾起司　100g
鹽、胡椒　各適量

完成時用乳霜奶油
奶油（融化）　10g
葛律瑞爾起司（磨削成粉）　80g
法式酸奶油　150g
鹽、胡椒、肉荳蔻　各適量

1　製作可麗餅麵糊。麵粉過篩至缽盆中，加鹽，在麵粉中央處形成凹槽，放入全蛋。

2　混拌至整體呈滑順狀。

3　混合奶油和牛奶略微溫熱，待奶油溶化後，以攪拌器邊混拌邊少量逐次地加入2當中。

4　以網篩過濾後，靜置於室溫下。

5　以中火加熱不沾的可麗餅鍋，薄薄地倒入沙拉油（用量外），倒入4。轉動可麗餅鍋使麵糊薄薄地延展。

6　用抹刀等將其翻面，煎至兩面至上色。重覆5、6的作業煎完所需的數量。

7　製作內餡。在鐵氟龍製平底鍋中放入奶油加熱，放入切成半月型的洋菇片。

8　略為撒上鹽，以中火拌炒。待洋菇的水分揮發後，加入切碎的紅蔥頭，略略拌炒。撒上胡椒，移至方型淺盤上降溫。

9　將8放入缽盆中，加入切碎的平葉巴西利、葛律瑞爾起司、法式酸奶油、肉荳蔻。充分混拌後，加入胡椒。

10　攤開6的可麗餅皮，擺放切片的葛律瑞爾起司。

11　放上火腿，靠近身體的一側放上內餡。

12　朝前方捲起，切下邊緣整理形狀。

13　刷塗奶油（用量外），擺放在焗烤盤上，大量刷塗混合均勻的完成用乳霜奶油。

14　整合形狀，放入180℃的烤箱中，烘烤至表面上色。

韭蔥和瑪瑞里斯起司的鹹塔
Flamiche aux poireaux et aux Maroilles

所謂Flamiche，在法蘭德斯是蛋糕的意思。
在拌炒過的韭蔥中混拌雞蛋，連同當地特產的瑪瑞里斯起司，
填入鬆脆的酥脆麵團（Pâte brisée）中烘烤而成的料理。
曾經也有用麵包麵團製作，從烤箱取出後立刻澆淋融化奶油，
趁熱食用。

酥脆麵團（Pâte brisée）（→P243）

- 麵粉　250g
- 鹽　6g
- 全蛋　1個
- 蛋黃　1個
- 奶油　60g
- 水　50cc

配菜

韭蔥（蔥白部分）　500g

奶油　50g

瑪瑞里斯（maroilles）起司　150g

蛋奶餡

全蛋　1個

蛋黃　1個

鮮奶油　50g

鹽、胡椒　各適量

1　混合麵粉和鹽過篩備用。加入切成方塊狀的冷卻奶油，用手指搓揉混合使其成砂粒狀。

2　加入全蛋、蛋黃、水，均勻混拌，整合成團後以保鮮膜包覆。放入冷藏室靜置（P.243）。

3　在工作檯撒放手粉，將2擀壓成2～3mm的厚度。舖放在塔餅模上，並以叉子刺出孔洞。放置在冷藏室靜置10～15分鐘。

4　舖放烘焙紙，再擺放重石，放入160～170℃的烤箱中，未填餡空烤約20分鐘。

5　製作配菜。韭蔥充分洗淨後，縱向對切再切成薄片。

6　在加有奶油的鍋中拌炒5，避免上色地拌炒至柔軟。瑪瑞里斯起司帶皮對半切開，再切成約5mm厚的片狀。

7　製作蛋奶餡。將全蛋和蛋黃放入缽盆中，攪散後加入鮮奶油。撒放鹽、胡椒，以圓錐形濾網過濾。

完成

配菜和蛋奶餡混拌後，放入空烤完成的塔中。擺放上瑪瑞里斯起司，以180℃的烤箱烘烤約15分鐘。

安茹、都蘭

DATA

昂布瓦斯（Amboise）
昂傑（Angers）
杜爾（Tours）

地理	法國中北部羅亞爾河流域流經的內陸地方。羅亞爾河的幾個支流與廣大的田園地帶交織成美麗的風景。
主要都市	安茹有昂傑、都蘭有杜爾。
氣候	整年都氣候宜人。降雨量相對較少。
其他	昂布瓦斯（Amboise）是李奧納多·達文西晚年居住地。

經典料理

Rillons
將塊狀的鹽漬豬五花肉、豬肩肉放入豬脂中烹煮的料理

Salade tourangelle
以龍蒿風味的蛋黃醬拌笛豆（flageolet）製成的沙拉

Andouillette de Vouvray
梧雷酒燉煮法式內臟香腸

Tarte tourangelle aux rillettes et rillons
以豬油燉煮的豬肉製成都蘭風味塔餅

Géline de Touraine aux champignons sauvages
都蘭傑林黑雞與野生蘑菇的料理

Géline de Touraine à la lochoise
梧雷白葡萄酒燉煮都蘭傑林黑雞

Coq au vin de Chinon
使用希農葡萄酒的紅酒燉公雞

位於巴黎西南約150公里、具有歷史的城市杜爾，以此為中心的都蘭，其西側有安茹。無論何者，都是沿著羅亞爾河展開的自然美景，氣候溫暖，所以有「法國庭園」之稱，自古即是王公貴族的別墅所在地。建造的雪儂梭堡（Château de Chenonceau）、昂布瓦斯、布農，都有不少美麗的城堡，吸引眾多觀光客造訪。

這個地方有豐沛的羅亞爾河及其支流，此流域不僅是風景，更是食材的寶庫。河川中知名的物產，首先就是以凶猛著稱的梭子魚（河梭魚）。將其與調味蔬菜一起燙煮，再澆淋上奶油白醬的料理，是非常受歡迎的知名菜餚。梭子魚攪打後會產生黏稠度，也常用在魚漿丸的製作。其他還有鰻魚、鯉魚等。

羅亞爾河流域地區是肥沃的平原，可以採收蘆筍、四季豆、朝鮮薊、洋梨、李子等各種蔬菜水果。另外利用石灰質土壤栽植蕈菇也非常盛行，安茹地方的索米爾（Saumur）就是因大量栽植蘑菇而聞名，周圍廣大的森林也有相當多的物產，雞油蕈、牛肝蕈等野生蕈菇，還有鹿、兔子、雉雞、綠頭鴨等豐富的野味。

建造在羅亞爾河支流謝爾河（Cher）上的雪儂梭堡（Château de Chenonceau），建築物內有通往對岸的橋，有著美麗水中倒影的十六世紀城堡。

都蘭東部的香波堡（Château de Chambord），是導入義大利工法的法國文藝復興式建築。號稱是羅亞爾河流域古城中規模最大的城堡。

建於河川的合流處，要塞機能完備的希農堡（Château de Chinon），是聖女貞德謁見國王的地方。雖然一度荒廢，但經修復已恢復原來的美麗景況。

同時該地也盛行家畜、家禽的飼育，特別著名的是都蘭的母雞"傑林黑雞Géline"。大部分的農家都是將傑林黑雞養在庭院，大多以燉煮方式烹調。其他像是豬隻和山羊也很多，豬肉烹煮後攪散冷卻凝固成「豬肉醬Rillettes」、豬肉鹽漬後用豬背脂煮至上色的「燉肉Rillons」，都是經典菜色。山羊則是經常利用山羊奶製作起司。另外，雖然「豬肉醬Rillettes」據說是十五世紀前就開始製作的古老料理，但當地的人們至今仍對傳統料理及加工食品非常重視。都蘭的代表經典料理「法式白腸Boudin blanc」，也是大約300年前傳承至今的古老菜餚。

另外，當地的葡萄酒也是名產。沿著羅亞爾河的土壤多是石灰質土，排水佳且日照足，所以是相當適合葡萄生長的環境。即使是同樣的石灰質土壤，砂粒多的地方製作出的葡萄酒，輕盈新鮮風味，泥質較多的地方，則是力度十足的熟成型。在此附近栽植的主要葡萄品種有白肖楠（Chenin Blanc）、卡本內弗朗（Cabernet Franc）、卡本內蘇維濃（Cabernet Sauvignon）、加美（Gamay）等。葡萄酒也廣泛地被運用在料理上。

刺菜薊 Cardon

朝鮮薊的一種。是朝鮮薊的原種，主要栽植地是杜爾。食用莖的部分，味道類似西洋芹。燙煮至柔軟後，搭配貝夏美醬汁、起司混合焗烤，是當地的經典料理。

野生蕈菇 Champignon sauvage

該地的柔軟石灰質土壤，可以培育出各式菇類，其中利用羅亞爾河斷崖，蘑菇栽植的規模最大。

李子 Prune

7月下旬～8月上旬可採收的綠色李子「克勞德皇后李Reine Claude品種」最有名。甘甜香氣佳、水分足。除了可以新鮮食用，還可以製成果醬（confiture）或浸漬蘭姆酒、塔餅等，製作糕點時使用。

梭子魚 Brochet

河梭魚的一種。是肉食性的淡水魚，大型魚身長超過1公尺。打成魚漿時會產生獨特的黏稠度，所以常用於魚漿丸的製作。

都蘭的傑林黑雞 Géline de Touraine

黑色小型母雞，有著鮮紅的雞冠，肉質纖細柔軟，香氣味道十分濃郁。2001年得到紅色標章（Le Label Rouge）（品質認證）的認定。

● 起司

Sainte-Maure de Touraine（A.O.C.）

用山羊生乳和山羔羊的凝乳酵素製成圓筒狀的起司。為避免形狀崩塌，中央處會留有一根麥桿。最初是滑順的口感，約經過5週熟成後，會成為乾而脆的口感。在1990年取得A.O.C.認證。

● 酒

希農 Chinon（A.O.C.）

西部的希農村砂地釀造出的紅葡萄酒，與羅亞爾河對岸的布爾格伊（Bourgueil）都已得到A.O.C.認證。釀造至熟成需要幾年的時間，但保存期是羅亞爾河葡萄酒中最長的。

梧雷 Vouvary

杜爾附近的梧雷（Vouvary）周邊，以白肖楠（Chenin Blanc）釀造的白葡萄酒。風味紮實，有Sec（不甜）、Demisec（半干）、Moelleux（甜味）、Mousseux（氣泡）等4種。特別是Moelleux（甜味）之中的索甸（Sauternes）貴腐甜白酒，是最佳、最長壽的極甜味葡萄酒。僅生產少量的稀有品。

從山丘上的教堂到維埃納（Vienne）河岸，整齊並排著石造房屋的康代聖馬丁（Candes-Saint-Martin）。被讚揚是法國最美的村落之一。

羅亞爾河沿岸的昂布瓦斯，出生於當地的查理八世將此地發揚光大。以融合了哥德式和文藝復興樣式的壯麗城堡而聞名。

每年6月～10月展開國際花園節的紹蒙城堡（château de chaumont），與亨利二世的妻子凱薩琳·麥地奇（Catherine de' Medici）頗有淵源也廣為人知。

法式白腸搭配蘋果馬鈴薯泥
Boudin blanc aux pommes, purée de pomme de terre

約300年前源自該地區的法式白腸（Boudin blanc），
是耶誕節的經典料理，現今則是法國全境廣受喜愛的菜餚。
豬肉和雞肉細細絞碎，混合鮮奶油後充分攪拌，
呈現滑順細膩的口感。

材料（6人分）

豬肩肉	250g	配菜	
雞胸肉	250g	馬鈴薯泥（→P247）	
洋蔥	1個	焦糖蘋果（→P247）	
奶油	20g		
松露（小）	1個	煮汁	
新鮮麵包粉	80g	水	500cc
鮮奶油	200cc	牛奶	500cc
全蛋	3個	橙花水	
波特白酒		（Orange flower water）*	適量
鹽、胡椒			
肉荳蔻	各適量		
豬腸（鹽漬）	1m		

＊收集橙花的花苞，在水中煮至沸騰，汲取蒸氣製作的水。用於添香，無法購得時也可以不放。

1 適度地清潔豬肩肉，雞胸肉去皮除筋。兩者皆切成適合攪肉機攪擠的大小。

2 攪肉機裝置細網目的配件，將1的二種肉類絞碎。最後放入適量硬麵包（用量外），將機器中的肉類完全擠壓出來。

3 將洋蔥切成碎末（ciseler）。如果用菜刀剁碎（hacher）會釋出洋蔥的水分，因此細細地切成碎末。

4 在平底鍋中融化奶油，放入3的洋蔥。注意避免上色地以小火仔細拌炒。

5 待洋蔥完全變軟後，取出攤放在方型淺盤上，下方墊放冰水降溫。

6 為使松露能充分散發香氣地用菜刀切碎（hacher）。將新鮮麵包粉浸泡於鮮奶油中備用。

7 將2的肉類、5、6、全蛋、波特白酒、鹽、胡椒一起放入食物調理機中攪打。鹽的分量約為總量1kg時，14～15g，胡椒2～3g。

8 充分地攪打7，至內餡顏色變白呈現滑順狀態。全體均勻攪拌就是製作的重點。

9 在8當中加入肉荳蔻，以橡皮刮刀充分混拌。用鋁箔紙包捲少量烘烤熟，試吃確認味道。

10 用水清洗豬腸，在絞擠袋上裝妥灌腸用擠花嘴。在豬腸前端打結，將9填入絞擠袋內。

11 將內餡擠入豬腸內。避免破裂或過於鬆散地邊用手觸摸確認，邊進行絞擠。

12 絞擠完成時，拆下擠花嘴，在尾端打結。約間隔15cm地扭轉豬腸並以綿線綁縛。為避免加熱時腸衣破裂，先用牙籤在豬腸上戳刺孔洞。

13 將所有煮汁的材料放入鍋中加熱，以70～80℃的溫度燙煮法式白腸（Boudin blanc）。

14 燙煮數分鐘後，待產生彈力時即可取出。折除綿線。無論是剛完成燙煮或是放涼後，都能美味地享用。

完成

在盤皿中盛放法式白腸，以焦糖蘋果裝飾。在其他容器內盛放配菜的馬鈴薯泥。

豬肉醬
Rillettes

豬肉放在豬脂中緩緩地燉煮，攪散豬肉後製成的常備料理。
在法國從十五世紀就開始製作。
經常會與麵包一起享用，是非常受歡迎的加工肉品。
因為是以涼冷狀態享用，因此必須要有紮實的鹹味，
在保存時，可以在填裝至容器後，用加熱時浮出的油脂或保鮮膜覆蓋在表面。

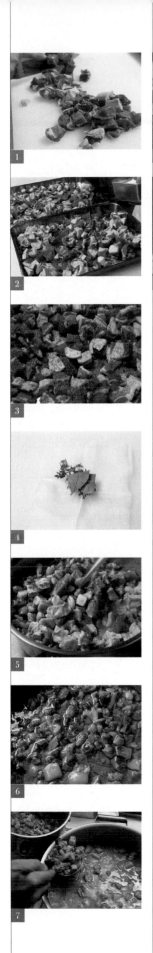

豬五花肉　250g
豬背肉　250g
白葡萄酒　150cc
水　150cc
百里香、月桂葉
鹽、黑胡椒　各適量
大蒜　2瓣

完成
鄉村麵包（Pain de campagne）（切片）　適量

1　豬五花肉和豬背肉各切成2～3cm方塊。
2　排放在方型淺盤上，撒上大量的鹽（相對於1kg的肉約是14～15g的程度）。
3　散放對切並壓碎的大蒜，撒上黑胡椒。因為是涼冷狀態享用的料理，因此調味會較濃一些。
4　先用綿紗布包起百里香和月桂葉，以避免在加熱時散開。
5　在鍋中放入3、4，倒入白葡萄酒和水。蓋上鍋蓋，以小火熬煮2～3小時。過程中要不斷地攪拌。
6　烹煮完成的狀態。肉類完全軟化。
7　將肉類移至攪拌機用缽盆中，以攪拌機攪打。過程中添加鹽和黑胡椒。
8　待攪打至鬆散程度後，少量逐次地加入鍋中殘留的煮汁，邊繼續攪打成膏狀。
9　完成時，裝入容器內放涼。佐以烘烤過的鄉村麵包一起享用。

聖莫爾溫熱山羊起司沙拉
Salade de chèvre chaud Sainte-Maure

使用該地的特產，山羊奶起司製作的料理。
經典原味的作法中，起司使用的是都蘭所產，聖莫爾起司，
切成厚片溫熱，放置在法式長棍麵包上與沙拉一起享用。
可以同時品味柔軟稠濃的熱起司，與新鮮沙拉的口感。

材料（4人分）

菊苣（chicory）（小） 1個
萵苣葉（Leaf lettuce） 數片
聖莫爾山羊起司（Sainte Maure de Touraine＊） 1個
義大利培根（Pancetta） 100g

油醋醬

├ 花生油　2大匙
├ 白酒醋　6大匙
└ 胡椒　適量
長棍麵包（切片） 8片
蝦夷蔥（ciboulette） 1把

＊無法取得聖莫爾山羊起司時，也可使用附
近貝里（Berry）所產，沙維尼奧爾的克羅
坦山羊起司（Crottin de Chavignol）。此
時請預備4個 / 4人份，橫向對切。

1 山羊起司切成厚片，以切成薄片的義大利培根包覆。放入180℃
的烤箱烘烤至略呈烤色。
2 製作油醋醬。材料全部放入缽盆中，以攪拌器攪拌混合。
3 菊苣和萵苣葉的葉子撕成方便食用的大小，與切碎的蝦夷蔥一起
放入2混拌，盛盤。
4 烤熱法式長棍麵包，擺放1再放至3的沙拉上享用。

SOLOGNE ET BERRY

索洛尼、貝里

DATA

布爾日（Bourges）

羅莫朗坦－朗特奈
（Romorantin-Lanthenay）

地理　　位於法國中央位置。相當於羅亞爾河中游流
　　　　域的北部，低地多濕地，南部接近中央高地
　　　　是丘陵地帶。
主要都市　索洛尼有羅莫朗坦－朗特奈、貝里有布爾日。
氣候　　整年相對溫暖。夏季多晴。
其他　　索洛尼的村莊，拉莫特－伯夫龍（Lamotte-
　　　　Beuvron）是翻轉蘋果塔（Tarte Tatin）的發
　　　　源地。

經典料理

Pâté de pomme de terre
用麵團蓋覆蓋馬鈴薯的肉凍派

L'ortuge
蕁麻葉湯

Rognons à la mode de Bourges
香煎羊腎佐紅酒醬

Pannequet berrichon
可麗餅狀的煎馬鈴薯泥

Pot-au-feu berriaud
羊肩肉、牛肉、小牛腱肉的燉鍋

Pintade au Reuilly
珠雞中填入以河依葡萄酒燉煮的內餡

Berrichonne fromentée
用牛奶烹煮未成熟小麥製成的粥

　　幾乎位於巴黎的正南方，居法國中央位置的索洛尼、貝里。索洛尼是羅亞爾河附近多濕地和森林之處，以蘋果糕點「翻轉蘋果塔Tarte Tatin」的發源地而廣為人知。貝里比索洛尼更南一點，是樸質悠閒的開闊田園。首府是中世紀曾為法國都城的布爾日，市區的聖斯德望主教座堂（Cathédrale Saint-Étienne）為世界遺產，有著美麗彩色鑲嵌玻璃。

　　附近的氣候溫暖，天然資源豐富，生產各種作物。其中最多的是綠扁豆，該產地的綠扁豆約占法國輸出的8成，以高品質聞名。搭配火腿、起司、或沙拉等，其他作為湯品使用的食材也非常多。湯品在當地的主要料理中，不僅是扁豆，還使用了南瓜、美洲南瓜（Cucurbita pepo）（citrouille）、洋蔥等各式各樣的當地特產蔬菜。這些使用蔬菜的料理也被稱為"貝里風味"，成為搭配主食的配菜，像是蒸煮高麗菜、以肉類高湯烹煮的洋蔥，都能搭配享用。

索洛尼地方約有3200個沼澤，表面積達一萬公頃以上。許多動植物生長於此，也是野鳥過冬的棲息地，可謂是天然寶庫。

布爾日是藝術歷史之都。其中有聖斯德望主教座堂（Cathédrale Saint-Étienne）、中世紀資本家雅克科爾（Jacques Coeur）的宅邸等，有許多令人回顧歷史的美麗建築。

貝里產的綠扁豆 Lentille verte du Berry

1996年，作為乾燥蔬菜首次得到紅色標章（Le Label Rouge）（品質認證）的認定。如栗子般柔軟香甜，可用作湯品、沙拉等，以各式各樣的形態享用。

貝里產的南瓜 Sucrine de Berry

南瓜的一種。重1～3kg。直徑12～15cm，長12～25cm，是細長的球形，瓜肉是明亮的橘色。柔軟甘甜、香氣強。除了用於焗烤或濃湯之外，也能成為果醬的材料。

杜雪兒品種的羊 Mouton berrichon

貝里的特色就是飼育盛行。當地「熬煮7小時的羔羊腿肉」就是最具代表性的經典料理。

培恩的蜂蜜 Miel de Brenne

由南部培恩（Brenne）自然公園內野生花朵所採集的培恩蜂蜜、或北部加提奈（Gâtinais）產的蜂蜜，都是在多森林的貝里取得的優質蜂蜜。

● **起司**

普利尼-聖-皮耶 Pouligny-Saint-Pierre（A.O.C.）

以山羊奶製作的軟質起司。不加壓、不加熱。作成細長的三角錐形，中間組織白色而細緻，沒有特殊氣味。整年都能產出。

瓦朗賽起司 Valençay（A.O.C.）

以山羊奶製作，帶著濕氣的軟質起司。不加壓、不加熱。表面灰中帶白。味道清淡，隨著其熟成，口感會更滑順。春至夏天正是產季。

● **酒／葡萄**

松賽爾 Sancerre（A.O.C.）

位於首府布魯日的謝爾省內，松賽爾（Sancerre）週邊所生產。白葡萄酒品質特別優異，自1936年就獲得（A.O.C.）的認證，也釀造紅、粉紅葡萄酒。Alphonse Mellot、Lucien Crochet等是主要的酒莊（Domaine）。

河依葡萄酒 Reuilly（A.O.C.）

河依（Reuilly）與其附近7個村的葡萄園所生產的酒。白葡萄酒從1937年、紅葡萄酒從1961年以來皆獲得（A.O.C.）的認證。有Mardon酒莊（Domaine Mardon）等。

在多森林的當地，還有其他牛肝蕈、羊蹄菇（Pied de Mouton）等蕈類，兔子、鹿、雉雞、綠頭鴨等野味，還有河魚。也能採收到核桃、蜂蜜等，同時盛行家禽、家畜的飼養。家畜當中最多的，就是擁有當地標章的羊。「熬煮7小時的羔羊腿肉」就是最常見的經典料理。以羊為首的牛、豬等肉類，整體而言就如「熬煮7小時的羔羊腿肉」般，與調味蔬菜慢慢加熱燉煮幾個小時，是最常見的料理法。大量釋放出食材風味和營養的燉煮料理，是索洛尼、貝里地方的特色。家禽類熬煮後，用血加入醬汁增添濃稠的"Barbouille風味"也很常見。

關於起司，和都蘭等其他羅亞爾河流域相同，是以山羊奶製作為主。最有名的是擁有A.O.C.（法定產地認證Appellation d'Origine Contrôlée）沙維尼奧爾的克羅坦山羊起司（Crottin de Chavigno）或瓦朗賽起司（Valençay）等。另外，葡萄酒因當地面積並不廣闊，葡萄園較少，但不負羅亞爾河流域之名的優質品很多，除了有不甜的白葡萄酒「松賽爾Sancerre」等，還生產不少被標為A.O.C.或V.D.Q.S.（優良地區葡萄酒）的優良產品。

布爾日的東側，靠近羅亞爾河附近的松賽爾（Sancerre），建於十二世紀的城堡和圍繞著的傳統住家所形成的小城鎮。沿著丘陵地區的是廣大的葡萄園。

貝里地方的宓利雍堡（Château de Meillant），有著火燄形裝飾，是「火焰哥德式Gothique flamboyant」特徵建築的傑作。由昂布瓦斯家族在1473年建造。

被稱為"羅亞爾之谷"低地的索洛尼，盛行狩獵。在十九世紀時，拿破崙三世在此進行農業改革。

白煮蛋的復活節酥皮肉派
Pâté de Pâques à l'œuf

慶祝春季復活節的法式肉凍派，
切開後中央就能看見象徵基督復活的雞蛋。
復活節的肉凍派在法國各地都會製作，
在貝里（Berry）又被稱為 "Maître Jean" 特別出名。

〔解說→P66〕

熬煮 7 小時的羔羊腿肉
Gigot d'agneau de sept heures

使用整隻的羔羊腿肉，豪邁又樸質是貝里（Berry）地方的傳統料理。
為烹煮出多汁美味的羔羊肉，所以在當中插入豬背脂，
與調味蔬菜一起低溫長時間蒸煮（braiser）至肉質鬆軟為止。
據說是源自麵包店在營業結束後，放入烤窯內利用餘溫製作而成的料理。

〔解說→P68〕

白煮蛋的復活節酥皮肉派

材料（6人分）

折疊派皮麵團（feuilletée）（→P244）　約500g

內餡
- 豬肉（瘦肉）　200g
- 豬脖頸肉　250g
- 洋菇　150g
- 洋蔥　150g
- 奶油　20g
- 新鮮麵包粉　60g
- 牛奶　60cc
- 火腿（jumbon de paris）　100g
- 平葉巴西利（切碎）　2大匙
- 百里香　1小匙
- 鹽、胡椒　各適量
- 全蛋　8個

蛋液
- 全蛋　1個
- 蛋黃　2個

馬德拉醬（Madère sauce）（→P227）　適量

1 以水清洗洋菇，拭乾水分。清洗前事先用檸檬汁（用量外）沾裹以防止變色及吸水，保持其風味。

2 用小火加熱鍋子融化奶油，放入切碎的洋蔥拌炒。拌炒至柔軟後，加入1切碎的洋菇。

3 待2的水分揮發尚未上色前，取出攤放在方型淺盤上，下方墊放冰水降溫。覆蓋保鮮膜置於冷藏室冷卻。

4 豬瘦肉和豬脖頸肉切成適當大小，讓紅肉與豬脂能適度混合地用攪肉機攪碎。

5 混合新鮮麵包粉和牛奶混合備用。也可用撕碎的吐司取代新鮮麵包粉使用。

6 內餡用鹽約是1kg使用14～15g，胡椒約是2～3g。百里香葉可依喜好添加（照片是約1小匙的程度）。

7 將3、4、5、6與切成0.5～1cm塊狀火腿、平葉巴西利一起允分揉和至全體顏色發白為止。

8 內餡用的雞蛋先煮熟，切除兩端形成可看見蛋黃的狀態。

9 將500g的折疊派皮麵團切成2等分，各擀壓成2～3mm的厚度，靜置於冷藏室。內餡整合成12～15×30cm的大小，擺放在麵團中央。為方便填裝水煮蛋地使兩側較高成凹槽狀。

10 內餡的凹槽中，將水煮蛋的蛋黃相貼合地縱向排放。排放完成後，用內餡覆於兩端及頂部，整合形狀。

11 從內餡位置開始預留貼合用4～5cm的麵團，其餘切除，以蛋液刷塗內餡周圍全體麵團。

12 從上方再覆蓋另一片折疊派皮麵團，用手使其完全貼合內餡形狀地整型。

13 在表面刷塗蛋液，靜置冷藏室30分鐘。取出後再次刷塗蛋液，填充內餡的周圍麵團留下邊緣2cm程度，其餘切除。

14 用叉子或刀子按壓邊緣，使麵團緊密貼合，其餘的麵團用作表面裝飾，放入180℃的烤箱烤約40分鐘。

完成

將酥皮肉派置於盤皿中，醬汁則放入另外的容器內一起上桌。

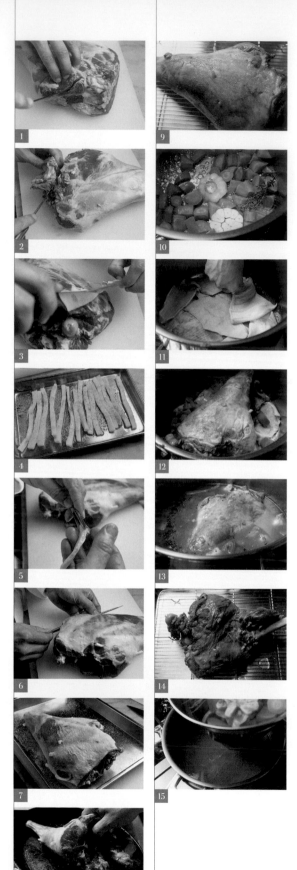

熬煮7小時的羔羊腿肉

材料（8人分）

羔羊腿肉　1隻
豬背脂　200g
豬皮　400g
紅蘿蔔　3根
大蒜（帶皮）　1顆
番茄　2個
小牛基本高湯（→P224）　1L
水　適量
白葡萄酒　500cc
干邑白蘭地
橄欖油
沙拉油
奶油
百里香、月桂葉
鹽、胡椒　各適量

1　先除去羔羊腿肉連接身體的骨頭。首先刀子沿著看得到的骨頭劃切。

2　直接劃切至靠近關節處，先卸除關節再取下骨頭。必要時也可以切除腿骨，配合加熱時鍋子大小地略微調整。

3　切除表面薄皮及多餘的油脂。

4　豬背脂切成寬1cm的細條，撒上橄欖油、鹽、胡椒。

5　將4的豬背脂裝上針（lardoire）。

6　將5從腿根朝腳踝的方向刺入。

7　豬背脂約以3～5mm的間隔刺入即可。撒上鹽。稱之為"larder"的手法，是針對脂肪較少的肉類，能產生美味多汁口感的經典技巧。

8　以中小火加熱放入沙拉油和奶油的鍋子，全面地煎羔羊腿肉。

9　適度地丟棄溶出的油脂，待表面呈現漂亮金黃色後，取出瀝乾油脂。

10　在鍋中倒入沙拉油和奶油，以小火拌炒切成滾刀塊的紅蘿蔔和帶皮對切的大蒜。待食材變軟後，加入百里香和月桂葉，拌炒至蔬菜上色後放入網篩。

11　在10使用的鍋中，舖滿排放已清潔過的豬皮。

12　放回蔬菜，再擺放羔羊腿肉，撒上干邑白蘭地，倒入白葡萄酒。略為熬煮至酸味揮發。

13　加入去籽切成適當大小的番茄、小牛基本高湯、鹽和胡椒，煮至沸騰後撈除浮渣。在倒入小牛基本高湯時，若液面不足肉類高度的2/3，需加水調整。離火後，蓋上蓋子，放入150℃的烤箱中加熱7小時。不時地觀察其狀態，若肉類表面呈現乾燥，就必須澆淋（arroseur）湯汁。

14　待充分受熱後，取出羊肉，包覆保鮮膜地放置在溫熱的場所。

15　煮汁以圓錐形濾網過濾，熬煮至產生濃度。用鹽和胡椒調整風味，製作成醬汁。

完成

將羔羊腿肉盛盤，以百里香和月桂葉（二者皆為用量外）裝飾。倒入醬汁。醬汁也可以用另外的容器裝妥後一同供餐。

綠頭鴨的法式肉凍派
Paté de colvert en croûte

在法國首屈一指的穀倉地帶，有很多使用麵粉的料理。
並且該地區能捕獲許多野味，這是非常經典的一道菜餚。
處理野鴨後，內臟連肉類一起絞碎。以酥脆麵團包覆後烘烤。
表面的裝飾下點工夫，同時能增加觀賞趣味。

材料（長25cm的肉凍派模型1個）

酥脆麵團（Pâte brisée）（→P243）
- 麵粉　375g
- 太白粉　125g
- 鹽　10g
- 奶油　200g
- 蛋黃　125g
- 水　80g
- 白酒醋　適量

內餡
- 綠頭鴨肉　600g（1.5～2隻的分量）＋心臟、肝臟、肺
- 豬瘦肉　160g
- 豬背脂　150g
- 全蛋　2個
- 鹽　15～18g（相對於1kg的肉類）
- 胡椒　2～3g（相對於1kg的肉類）
- 干邑白蘭地　1大匙
- 杜松子（gcnièvre）、鮮奶油　各適量

蛋液
- 全蛋　1個
- 蛋黃　2個

1 處理綠頭鴨（→P230），拆解下鴨胸、胸骨、鴨皮和多餘的油脂。心臟、肝臟和肺一起列入重量計算。將豬肉和其總量，計算出鹽和胡椒的使用比例。

2 將1的豬瘦肉和豬背脂一起放入攪肉機攪碎。

3 放入缽盆中，加入鹽、胡椒、干邑白蘭地混拌後，以手使其融合。

4 加進鮮奶油混拌、再放入壓碎的杜松子。混拌至全體均勻混合。

5 用鋁箔紙包覆少量烤熟，試吃確認味道。必要時，可進行風味調整，作成內餡。

6 製作酥脆麵團（→P243），切分成1/3和2/3。

7 在2/3的麵團上撒上手粉，擀壓成3mm厚，放置在肉凍派模型上確認大小。

8 為方便舖放進模型中，預先在四個角落切出三角形切口。

9 在模型中刷塗奶油（用量外），確實地舖放麵團。

10 填裝內餡，將露出模型的麵團留下2cm的邊緣，其餘切除。

11 將6的1/3麵團擀壓成2mm厚，覆蓋在10的模型上，按壓出尺寸的印記。留下2cm左右的邊緣，切下多餘的部分和四個邊角。

12 在10的邊緣刷塗蛋液，覆蓋上11。以手指按壓使其緊密貼合。

13 將邊緣整合切成1cm寬，以派夾夾出緣飾（chiqueter）。

14 壓出蒸氣孔，用多餘的麵團作成裝飾，刷塗蛋液。冷藏使麵團緊實後，放入230℃的烤箱烘烤約10分鐘。之後溫度降至180℃，再烘烤1小時10分鐘。完成時內部溫度約是70℃。

完成

冷卻後，脫模。

紅酒燉雄雞
Coq en barbouille

用紅葡萄酒燉煮雞或兔肉，
用血融入煮汁當中的"Barbouillé巴布耶"是當地最常見的烹調方式。
藉由長時間燉煮使公雞較紮實的雞肉變柔軟，也更加深其美味。
這樣經典的燉煮料理，搭配的是亮面煮洋蔥，
以及心型的脆麵包。

公雞　1隻
大蒜　2瓣
培根　200g
香草束　1束
干邑白蘭地
麵粉　各適量
紅葡萄酒　1L
雞血（或豬血）　30～50cc
鹽、胡椒
沙拉油、奶油　各適量

配菜

亮面煮（glacés）小洋蔥（→P247）　15個
香煎培根（→P244）　100g
香煎洋菇（→P250）　10個
脆麵包（Crouton）
├ 吐司麵包（片狀）　4片
└ 清澄奶油　適量

1　處理公雞（→P230），雞胸和雞腿留待備用。撒上鹽。
2　在平底鍋中放入沙拉油和20g奶油，以中火加熱，將1全體表面煎過後取出。
3　在2的平底鍋中放入沙拉油和20g奶油，加入大蒜、切成棒狀的培根，略微拌炒後將雞肉放回鍋中。
4　撒入麵粉，拌炒至粉類完全消失。
5　輕輕灑入干邑白蘭地，倒入紅葡萄酒，加入香草束。待沸騰後撈除渣浮，加入鹽和胡椒。蓋上鍋蓋，放入180℃的烤箱加熱1小時。
6　待雞肉完全受熱後取出，過濾煮汁，熬煮至可沾裹湯匙的濃稠程度。
7　在缽盆中放入雞血或豬血，邊以攪拌器攪拌邊倒入少量的煮汁。大致混合後倒回鍋中，與煮汁混合，以鹽和胡椒調整風味。
8　用圓錐形濾網過濾，以奶油提香並增添滑順度（monter）。依個人喜好添加干邑白蘭地，雞肉放回加溫。一旦醬汁沸騰，會導致血液凝固口感變差，所以必須注意避免煮至沸騰。

完成

將雞肉盛裝在容器內，搭配亮面煮（glacés）小洋蔥、香煎培根和洋菇，佐以使用清澄奶油煎酥，以心型模按壓的吐司麵包。

普瓦圖-夏朗德

干邑（Cognac）
普瓦捷（Poitiers）
雷島（Île de Ré）
拉羅歇爾（La Rochelle）

地理	位於法國西部大西洋沿岸。北臨羅亞爾河、南有吉倫特河，分成浮著4座島嶼的海邊和森林、丘陵綿延的內陸。
主要都市	普瓦圖有普瓦捷、夏朗德有拉羅歇爾。
氣候	近海側是海洋性氣候，冬季較溫暖。內陸則略為涼冷。
其他	淺灘海岸線的近海側，是相當受歡迎的渡假勝地。

經典料理

Farci charentais
用高湯烹煮填入鹽漬豬五花與香草內餡的高麗菜。瀝乾水分半天，以冷食享用

Huîtres au lard
豬五花薄片包捲牡蠣的串燒

Royans demi-sel
麵包上擺放醃漬24小時的沙丁魚、澆淋檸檬汁

Chaudrée charentaise
沙鱸、海鰻、棘黑角魚、鰻魚、小魟魚，放入加有香料和夏朗德葡萄酒的高湯中烹煮

Tripes à la mode d'Angoulême
牛瘤胃、重瓣胃、小牛腳與番茄、大蒜、刺入丁香的洋蔥、紅蔥頭，用白葡萄酒一起烹煮

Sauce de Pire
香料燉豬肺和豬肝

普瓦圖-夏朗德地方，位在法國之西，羅亞爾河和吉倫特河口之間。擁有從雷島（Île de Ré）和奧萊龍島（Île d'Oléron）等大西洋沿岸的4個島，至森林、緩坡丘陵的內陸地區，有以蒸餾酒干邑白蘭地同名的發源都市、還有羅馬時期作為與伊斯蘭戰役之處的普瓦捷等，有許多世界知名的城市位於此區。

其中，夏朗德有部分面大西洋。這個地區主要的都市，是漁業城市拉羅歇爾，從中世紀起就以鹽和葡萄酒輸出而繁榮，現今仍存留古城市的風貌，也是通往雷島（Île de Ré）的玄關。提到這個地區的物產，首先就是海產。可以捕獲各種魚類和甲殼類，特別是牡蠣和淡菜等貝類的養殖盛行。另外，雷島也能取得天然優質鹽，所以豐富的也不僅只有海產。平地的寬廣平原栽植的是馬鈴薯，陸地上的產物有甘藍嫩芽"Broccoli"白腰豆Mogette、與紅蔥頭相近的火蔥（Échalote）等各式各樣的蔬菜。另外，此處的番紅花產量也是歐洲第一。其他河川的物產也很豐富。

過去作為防衛用的聖尼古拉塔（St-Nicolast）、鍊塔（Tour de la Chaîne）、作為燈塔的燈籠塔（Tour de la Lanterne）等，有很多令人懷想起拉羅歇爾舊港的歷史。

夏朗德沿海地區的"éclade"。用淡菜排成圓形，上方擺放乾枯松葉後點燃，煙燻同時加熱的豪邁料理。

馬雷訥（Marennes）生產稱為"Fine de Claires"的牡蠣。以海水飼育後置於約3000公頃的養殖場（Claires）使其熟成的綠色牡蠣。

夏朗德直接延伸至內陸，包含干邑與以松露聞名的佩里戈爾（Périgord）相鄰，內陸夏朗德的北側，是寬廣的普瓦圖。普瓦圖靠近旺代、都蘭，是多沼澤美麗的地方，包括生產優質奶油的艾許（Echire）、糖漬用西洋芹科植物歐白芷產的的Niort村。並且也以兔子生產而聞名，據說正統法國料理中最具代表的「Lièvre à la royale酒燜兔肉」也是源於此地。像這樣的野味、飼養的牛、豬、雞，以及稱為Cagouille的小型蝸牛等，都是普瓦圖-夏朗德全區的名產。

當地的奶油和鮮奶油等乳製品也十分著名，品質之高據說可以超越諾曼第。但乳製品當中的起司，有幾種羊奶或山羊奶製品。另一方面，關於葡萄酒，雖然與波爾多（Bordeaux）地方相鄰，土壤也很相似，但產量卻很少。話雖如此，白葡萄酒相對受到喜愛，因此部分蒸餾、木桶熟成後，加工成干邑白蘭地，或取干邑白蘭地混合葡萄汁釀造出甜味的夏朗德皮諾酒（Pineau des Charentes）。使用了這些酒製作的當地料理，視覺上雖然看不出氣勢，但香氣十足，充滿魅力。

甜菜 Betterave crapaudine
細長圓錐形的一種甜菜。表皮粗糙、色黑，果實鮮紅且非常甜。收成於夏～秋之間。

馬雷訥-奧萊龍的牡蠣 Huitre de Marennes-Oléron
吉倫特河口北側，養殖在馬雷訥-奧萊龍，風味細緻的綠色牡蠣。利用過去鹽田的半海水池稱為Claires進行養殖。

歐白芷 Angélique
似類蜂斗菜的芹科植物，帶著強烈的香氣，長久以來一直被作為藥用、食用。莖可以作成糖漬，也常用於增添利口酒的香氣，或其他增添香味使用。

雷島的馬鈴薯 Pomme de terre de l'Île de Ré (A.O.C.)
沒有起伏，平原廣大的Île de Ré（雷島）可以栽植馬鈴薯。alcmaria、roseval等幾個品種都已獲得（A.O.C.）認證。

夏朗德產奶油 Beurre charentais (A.O.C.)
使用現榨牛奶，在製造當天出貨的奶油。特徵是帶有榛果香氣，在拉羅歇爾近郊的Surgères等是主要的產地。

● **起司**

可謝起司 Clochette
以山羊奶為原料，2週以上熟成的釣鐘狀起司。本身帶著紮實強烈的味道，隨著熟成表面會產生灰青色的黴菌。

● **酒**

夏朗德的葡萄酒 Vins des Charentes
位於羅亞爾河和吉倫特河之間，雖然生產量少，但卻能釀造出優質的葡萄酒。生產量中約8成是不甜的白葡萄酒，大多是不經熟成就能飲用的輕盈酒款。

干邑白蘭地 Cognac
由同名城市所釀造，以白葡萄酒作為原料，香氣豐富的白蘭地。經過3次蒸餾製作成無色的酒體，最少需要3年的木桶熟成才能完成釀造。

夏朗德皮諾酒 Pineau des Charentes
葡萄汁中加入干邑白蘭地，待果汁發酵完成後，移至木桶熟成的甜味酒。有清爽風味的白酒和水果風味的粉紅酒。

十六世紀的國王，法蘭索瓦一世的出生地干邑，是因夏朗德河沿岸鹽交易而發展的城市。現今則以同名香味極佳的白蘭地生產而聞名。

從雷島（Île de Ré）的玄關，里韋杜普拉格（Rivedoux-Plage）所見的拉羅歇爾和連結的橋樑。架設在淺灘、長2.9km的橋，於1988年開通。

夏朗德皮諾甜葡萄酒，燉煮填餡鱒魚佐奶油包心菜

Truite farcie braisée au Pineau des Charentes, embeurrée de chou

淡水魚當中的鱒魚填入大量菇類內餡蒸烤，
釋放出美味的煮汁、干邑白蘭地為基底的夏朗德皮諾甜葡萄酒，
與鮮奶油一起混合，製作出醬汁。
清淡的鱒魚、菇類的美味與濃醇芳香的醬汁共譜出合諧的風味。

〔解說→P78〕

夏朗德風味小蝸牛
Cagouille à la charentaise

稱作cagouille的小型鍋牛，用大蒜、奶油一同拌炒，
再以番茄燉煮的料理，是夏朗德地方的特色。
待大蒜和番茄的味道充分地滲入食材後，
再填入馬鈴薯中裝盤享用。

〔解說→P80〕

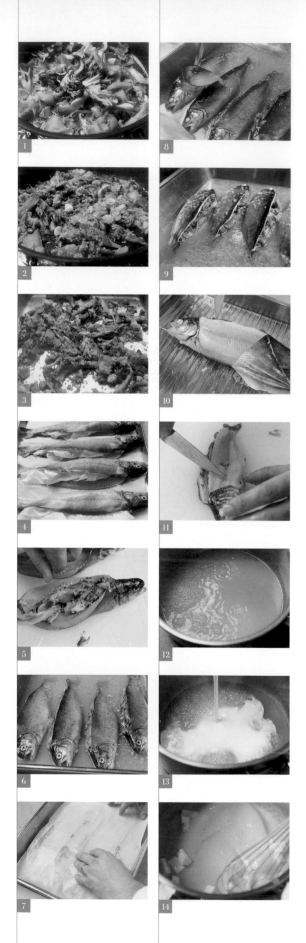

夏朗德皮諾甜葡萄酒，燉煮填餡鱒魚佐奶油包心菜

材料（4人分）

鱒魚（220～250g的大小） 4條
紅蔥頭（切碎） 2個
魚鮮高湯（→P225） 150cc
夏朗德皮諾甜葡萄酒*（Pineau des Charentes） 150cc
鮮奶油 200cc
奶油 50g
鹽、胡椒 各適量

＊葡萄汁當中加入干邑白蘭地，使其釀造熟成，夏朗德所產的酒。

內餡
├ 綜合菇（秀珍菇pleurote、平菇、雞油蕈girolle、
│ 舞菇、洋菇） 共400g
├ 紅蔥頭（切碎） 100g
├ 奶油 30g
├ 蝦夷蔥 1/2把
└ 鹽、胡椒 各適量

配菜
裝飾用洋菇（→P251）
紅蘿蔔 1/3根
香葉芹葉 適量
奶油包心菜（→P250）

1 製作內餡。菇類以刀子分切、或以手撕成適當的大小。放入加有奶油的平底鍋拌炒。

2 當菇類軟化後，加入切碎的紅蔥頭，以大火繼續拌炒。用鹽和胡椒調味，最後加入切碎的蝦夷蔥。

3 攤放在底部墊放冰塊的方型淺盤上冷卻。覆蓋保鮮膜保存。

4 處理過的鱒魚（→P239），用廚房紙巾塞入內側確實擦乾水分。

5 在切開的鱒魚肉上撒鹽和胡椒，填入3。排放在刷塗奶油（用量外）的方型淺盤上。

6 加入切碎的紅蔥頭，倒入魚基本高湯和夏朗德皮諾甜葡萄酒，至能浸泡魚肉1/3高的程度。

7 用內側刷塗奶油（用量外）的烘焙紙覆蓋在6上，放入180℃的烤箱約蒸烤20分鐘。

8 過程中，適度地以蒸煮汁液澆淋在魚肉上。

9 以金屬叉刺入魚肉能輕易地抽出時，即可完成加熱。從方型淺盤中取出擺放在架著網子的方型淺盤上，存放在溫熱的場所。取出蒸煮湯汁備用。

10 趁熱時剝除鱒魚的魚皮。

11 仔細地用刀子切除血合肉的部分。

12 取出備用的蒸煮湯汁以圓錐形濾網過濾，用大火加熱。待沸騰後除去浮渣，以小火熬煮。

13 熬煮至半量時，加入少量的夏朗德皮諾甜葡萄酒（用量外）和鮮奶油增加香氣，以湯匙輕輕攪拌混合，並熬煮至產生濃稠度為止。

14 用奶油提香並增添滑順度（monter）、加入鹽和胡椒調味。以圓錐形濾網過濾，完成具滑順感的醬汁。

完成

盛盤，在鱒魚表面澆淋醬汁，裝飾用的洋菇表面疊放切成薄片的紅蘿蔔和香葉芹。在其他容器內盛裝奶油包心菜。

夏朗德風味小蝸牛

材料（4人分）

蝸牛（escargot）（Petit Gris品種） 24個
洋蔥 60g
紅蔥頭 1個
大蒜 1瓣
番茄 4個
香草束 1束
奶油
干邑白蘭地
鹽、胡椒 各適量

馬鈴薯 4個
清澄奶油 適量

配菜
馬鈴薯 2個
清澄奶油 適量
新鮮培根（薄片） 100g
番茄片* 適量
沙拉
├ 野苣（Mâche）
├ 菊苣
└ 甜菜葉 各適量

＊番茄帶皮切成薄圓片，以約50℃的烤箱乾燥製成。

1　番茄氽燙去皮，去籽切碎。

2　在鍋中加熱奶油，放入切碎的洋蔥拌炒。待軟化後加入1。

3　在其他的鍋中加熱奶油，放入蝸牛。

4　香煎蝸牛後，加入切碎的紅蔥頭和大蒜，撒上鹽和胡椒。

5　粗略混拌後，加入干邑白蘭地點火燄燒（flambé），再取出盛放至方型淺盤中。

6　在2中將5連同煮汁一起加入，用小火煮至蝸牛滲入番茄風味。

7　馬鈴薯削切成橢圓柱狀，均勻切成2～3cm高，用圓形挖杓（Melon Baller）挖空中央。放入加有鹽的冷水中水煮，待至半熟時，取出瀝乾水分，再以清澄奶油煎香，使其成為盛裝用馬鈴薯盒。

8　完成用的馬鈴薯切成極薄的圓片狀（→P242），灑上清澄奶油。

9　在舖有烤盤紙的烤盤上，排放成魚鱗狀。

10　表面覆蓋烤盤紙後，再擺放上烤盤，以150℃的烤箱加熱至上色。

11　待烘烤至上色後，取出，依喜好的形狀切分。

12　將新鮮培根排放在烤盤紙上，表面再覆蓋烤盤紙後，再擺放上烤盤，放入150℃的烤箱中烘烤至釋出油脂成為香脆狀態。攤放在網架上冷卻。

完成

在盤皿中排放作為盛裝用馬鈴薯盒，將6的蝸牛填入其中。佐以切成大小適口的沙拉，以11的馬鈴薯、12的培根和番茄片裝飾。

焗烤鑲竹蟶
Couteaux farcis

形狀特殊細長的竹蟶。
將其以白葡萄酒蒸煮，取出貝肉切碎，
用大量奶油和香草混合後，填回外殼撒上麵包粉烘烤至散發香氣。
品嚐竹蟶貝肉Q彈的口感和奶油濃郁的芳香。
能輕鬆享用也是魅力所在。

竹蟶（razor clam）　1kg
紅蔥頭　1個
百里香　1枚
白葡萄酒　適量

香草奶油
奶油　250g
紅蔥頭　1個
大蒜　3瓣
平葉巴西利　25g
香葉芹　15g
榛果粉　15g
黃芥末　1大匙
鹽、胡椒　各適量

乾燥麵包粉　適量

1　仔細清洗竹蟶，用鹽水浸泡一夜吐砂。
2　在鍋中加熱奶油（用量外），加入切碎的紅蔥頭、百里香，迅速
　　拌炒。
3　放進竹蟶，淋入白葡萄酒，蓋上鍋蓋以小火蒸煮。
4　待竹蟶開殼，貝肉產生Q彈後，從殼中取出貝肉，切碎。
5　製作香草奶油。在食物調理機當中，放入奶油、切碎的紅蔥
　　頭、大蒜、平葉巴西利、香葉芹、榛果粉、黃芥末、鹽、胡
　　椒，攪打混拌成均勻狀態。
6　將4的竹蟶貝肉和香草奶油混拌。
7　將6填裝至竹蟶外殼約2/3，撒上麵包粉。
8　避免竹蟶殼翻斜，將鋁箔紙弄皺後舖放在烤盤上，將7排放其
　　上。放入180℃的烤箱或明火烤箱（salamandre），烘烤至表面
　　上色。
9　盛盤

BORDELAIS

波爾多

波爾多（Bordeaux）

阿爾卡雄
（Arcachon）

地理	位於法國西部、大西洋沿岸偏南的位置。加隆河（Garonne）河口的北部地區是連綿的田園地帶，南部則是寬廣的森林地。
主要都市	波爾多。從巴黎利用TGV約需3小時可達。
氣候	全年溫暖。夏季氣溫較高。
其他	波爾多曾是法國大革命時，吉倫特派的據點。

經典料理

Lamproise à la bordelaise
八目鰻和韭蔥，以波爾多葡萄酒燉煮

Alose grillée à la sauce verte
火烤鰣魚（西鯡屬）佐綠醬

Côte de bœuf bazadais au Sauternes et au Roquefort
巴札斯產肋眼牛排、貴腐酒和洛克福起司

Blanquette d'agneau de Pauillac aux asperges
波雅克產羔羊燉蘆筍

Soupe de cèpes
牛肝蕈湯

Tricandilles
大蒜、新鮮胡椒風味的火烤豬肚

Escargots de Cauderan
白葡萄酒燉煮小蝸牛和生火腿

位於法國西部、西洋沿岸的阿基坦（Aquitaine）地方。位於此地方北部的波爾多，是以葡萄酒的生產地而聞名世界。沿著流經的加隆河和吉倫多河，綿延著無數廣大的葡萄園，波爾多全區約有7000個以上的酒莊（château），其中有57處得到A.O.C.的認證。在當地並不只因釀造葡萄酒，同時也是大西洋貿易的據點而繁榮。在十二世紀，當時的領主是英國，為了將葡萄酒送至自己的國家，活絡了波爾多的港口使其發展，自此波爾多即成為港灣都市而擴大發展。波爾多港因沿著加隆河而形成三角形，所以也稱為"月之港"，此"月之港"存留著多數歷史建築和美麗的街景，已經登錄為世界遺產。

若提及波爾多的經典特產，當然不可或缺的就是葡萄酒，除了葡萄酒之外，波爾多也有非常多著名的產物。例如阿爾卡雄的牡蠣。阿爾卡雄是法國數一數二的牡蠣產地，市區也有很多餐廳供應新鮮的牡蠣。海岸部分，也有各式各樣魚貝類的捕撈，河川也有八目鰻等。內陸地區，因土壤不適合蔬菜的植栽，農產品的數量較少，但波爾多

十九世紀初創立的瑪歌酒莊（Château Margaux），位於波爾多北部的梅多克（Médoc）地區。是波爾多生產最優質葡萄酒的酒莊之一。

架在流經波爾多中心加隆河兩岸的皮埃爾橋（Pont de pierre），是十九世紀由拿破崙下令製造的磚橋，近年來也有路面電車行經。

馬科產的朝鮮薊 Artichaut de Macau

波爾多北部馬科島所栽植。一個大約是500～800g，相較於其他地區的朝鮮薊，尺寸更大。

牛肝蕈 Cèpe

傘蓋圓，傘柄大且膨脹的野生蕈菇。香氣強、稀少。

波雅克產飲乳羔羊 Agneau de lait de Pauillac

波爾多北部波雅克（Pauillac）產，出生後30～40天的羔羊。肉質柔軟、風味細緻，約是早春時才有。

Aillet 青蒜

很像小株韭蔥的大蒜綠芽。當地與阿基坦（Aquitaine）經常食用。

阿爾卡雄灣產牡蠣 Huitre d'Arcachon

波爾多西部，阿爾卡雄灣產的牡蠣。養殖盛行，約占法國全國產量的7成。

● 起司

當地是法國少見沒有生產起司的地方。波爾多自古全力投入葡萄酒的生產，為葡萄園及守護葡萄園用地，幾乎所有土地都已被利用，因而不作其他用途。

● 酒 / 葡萄酒

波爾多和優質波爾多 Bordeaux et Bordeaux supérieurs

波爾多和優質波爾多、波爾多粉紅酒（Bordeaux Clairet, Bordeaux Rosé）都是A.O.C.的著名品牌商標。吉倫特省的大剖分都是葡萄園。

梅多克 Médoc

波爾多北部、吉倫特河左岸所生產的。有8個A.O.C.產區，在梅多克釀造的紅葡萄酒占法國高級葡萄酒的半數以上。

波爾多不甜白葡萄酒 Vins blancs secs de Bordeaux

指的是吉倫特省所生產，所有不甜的白葡萄酒。有兩海之間Entre-Deux-Mers、波爾多Bordeaux、布拉伊Blaye、布爾丘Cotes de Bourg等。

甜白葡萄酒 Vins blancs d'or

因為"貴腐菌"的黴菌繁殖，使得酒體呈現柔和近似利口酒般甘甜的白葡萄酒。在波爾多有巴薩克Barsac、波爾多甜白酒Bordeaux Moelleux、卡蒂亞克Cadillac、索甸Sauternes等著名產區。

的家禽、家畜很多，盛行肉牛、羊和豬…等的飼育，生產許多優質肉類。特別是鴨和鵝，以優質肥肝而聞名。像這樣的肉類，在波爾多大部分是以蒜香風味來料理、或以紅酒燉煮。另外，有稱為"Magret"的鴨肉，這是製作肥肝後取下的鴨胸肉，Magret在當地的經典料理中出現頻繁。

南邊隣接波爾多的是朗德省（Landes）（行政劃分上屬於加斯科涅（Gascogne））。此地曾經是排水不良的荒野，在近代的植林產業施行下，變身成為總面積約7成的森林地。這廣大的森林所帶來的是松露、牛肝蕈、野味等豐富的物產，這也是波爾多料理中不可或缺的食材。

關於起司，波爾多鮮見地是法國不太生產起司的地區，原因似乎是因為大量生產葡萄酒，在不栽植葡萄的少數土地，則留給葡萄耕作所需的馬匹。因此，無法保留牛產起司必要的牛隻、山羊等飼育的土地。到現在，有些對於土壤十分講究的酒莊，不使用機械而使用馬匹進行耕作，並採行傳統方法進行葡萄酒的釀造。

沿著葡萄酒產地聖愛美濃（Saint-Émilion）附近，多爾多涅河（la dordogne）的城市—利布爾訥（Libourne）。此地是十三世紀，後來成為英國國王的愛德華王子所創設的港口都市。

牡蠣養殖盛行的沿海城市阿爾卡雄（Arcachon），現在則是最受歡迎的渡假勝地。附近有歐洲最大的砂丘La Dune de pilat。

建於波爾多近郊布利阿克（Bouliac）的飯店 "Le Saint James"，以使用大量玻璃聞名的建築界巨匠讓・努維爾（Jean Nouvel）所設計。

煎烤鴨胸、波爾多酒醬汁、佐以炸薯條和波爾多牛肝蕈

Magret de canard, sauce au vin de Bordeaux,
pomme cocotte, cèpes à la bordelaise

為製作肥肝所飼養的鴨胸肉，就稱為 "Magret"。
鴨胸上特有的厚厚脂肪，帶來了濃郁且特殊的香氣，
同時也成為瘦肉的防禦，有助於緩解受熱時的衝擊。
靈活運用這樣的脂肪成分，烘烤成美味的粉紅色是最大的製作重點。

〔解說→P88〕

先烤後燉的鴿肉野味
Salmis de pigeon en cabouillade

Salmis一般指的是野味的燉煮料理，
而先烘烤再燉煮的烹調方法則稱為**Cabouillade**。
這道料理是使用波爾多最具野味代表的鴿子所製作而成。
因為需要二度加熱，所以請注意避免過度才能完成最佳成品。

〔解說→P90〕

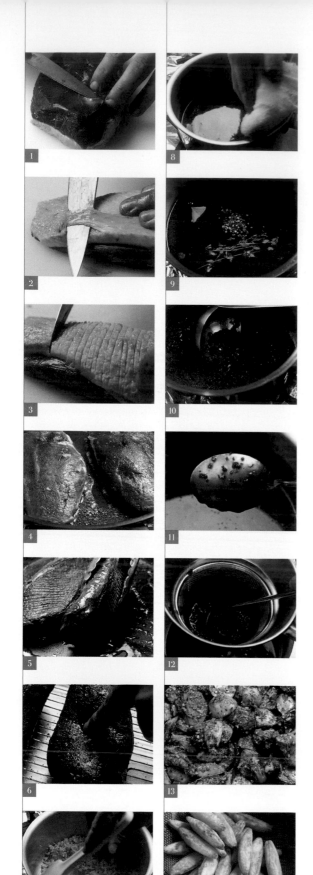

煎烤鴨胸、波爾多酒醬汁、佐以炸薯條和波爾多牛肝蕈

材料（8人分）

鴨胸肉（1片200g）　2片
鹽、白胡椒　各適量

波爾多酒醬汁
紅蔥頭（切碎）　40g
紅葡萄酒　200cc
小牛基本高湯（→P224）　400cc
奶油　30g
鹽
白或黑胡椒（粗粒胡椒）
百里香、月桂葉　各適量
奶油（完成時使用）　20g

配菜
波爾多牛肝蕈（→P251）
炸薯條（→P248）

1　用廚房紙巾拭去鴨胸肉上多餘的水分，並用刀子除去瘦肉部分的筋膜。

2　翻面，清潔脂肪表面。考量到加熱時油脂融化的狀態，留下5mm以上的厚度，其餘部分則切除。

3　短暫靜置於冷凍室使脂肪緊實，並在脂肪處劃切細細的切口。兩面撒上鹽。

4　將脂肪面朝下地放入平底鍋中，點火加熱。以小火緩慢地邊加熱邊適度地除去滲出的多餘油脂。

5　待脂肪變薄並且呈現硬脆狀態時，翻面。煎至瘦肉面和側面全都受熱，呈現煎烤色澤。

6　取出放置在架著網子的方型淺盤上。撒上白胡椒。不時翻面邊確認彈性邊使其靜置8～10分鐘。

7　製作醬汁。用小火熱鍋，融化奶油。放入切碎的紅蔥頭，避免上色地確實拌炒。

8　倒入波爾多紅葡萄酒，邊混拌邊熬煮至呈濃稠狀。仔細地除去鍋邊的髒污。

9　加進溫熱的小牛基本高湯，充分混拌，並添加鹽、粗粒胡椒、百里香和月桂葉。

10　邊適度地撈除浮渣，邊避免燒焦地保持小火，仔細地熬煮。

11　約熬煮1小時，待產生濃稠後熄火。約是能沾裹在湯匙背面的濃稠程度，即是完成的判斷標準。

12　加入冰冷的奶油，邊晃動鍋子邊以奶油提香並增添滑順度（monter）。

13　製作波爾多牛肝蕈（→P251）。

14　製作炸馬鈴薯條（→P248）。

完成

在木板上盛放鴨胸肉、炸馬鈴薯條、波爾多牛肝蕈。在其他的容器內盛放波爾多葡萄酒醬汁，一起上桌。

先烤後燉的鴿肉野味

材料（4人分）

鴿子　2隻
沙拉油
奶油、鹽　各適量

醬汁
鴿骨架　2隻
奶油　20g
沙拉油　適量
紅蔥頭　2個
洋蔥　20g
紅蘿蔔　20g
大蒜　1瓣
百里香（小）　1枝
月桂葉　1/2片
黑胡椒　5粒
白葡萄酒　150cc
干邑白蘭地　20cc
小牛基本高湯（→P224）　200cc
水　200cc
鹽、胡椒　各適量
洋菇　100g
奶油　20g

1　處理鴿子（→P233）。

2　製作醬汁。在鍋中放入奶油和沙拉油加熱，將切開的鴿骨架（身體的骨架、頭、翅等）拌炒至上色。

3　加入切成小塊的紅蔥頭、洋蔥、紅蘿蔔和對半切開的大蒜、百里香和月桂葉，拌炒至蔬菜呈現透明的程度。

4　先倒出置於網篩，瀝去油脂，再放回鍋中，撒上干邑白蘭地。用噴槍點火燄燒（flamé）。

5　加進白葡萄酒，略加烹煮後，加入小牛基本高湯和水。

6　仔細撈除浮渣並繼續熬煮。

7　肉類的預備。將胸肉和腿肉排放在方型淺盤，撒上鹽。

8　將帶皮面朝下地放入加熱沙拉油和奶油的平底鍋中，兩面煎至表面變硬略微上色的程度，取出放在方型淺盤上。

9　待6熬煮完成，產生濃度時，用圓錐形濾網過濾。

10　將9放回鍋中，並放入煎過的胸肉和腿肉，撒上鹽和胡椒，以小火加熱。或是蓋上鍋蓋，放入180℃的烤箱加熱。

11　待其產生適度的彈性時取出，覆蓋保鮮膜存放在溫熱的場所。胸肉先取出使其呈現粉紅色的完成狀態，腿肉則需要較長的烹煮時間。

12　醬汁直接繼續熬煮，適度地撈除浮渣。用鹽和胡椒調整風味，滴入數滴干邑白蘭地（用量外）以增添香氣。

13　加入冰冷的奶油，邊晃動鍋子邊以奶油提香並增添滑順度（monter），之後用圓錐形濾網使其自然滴落地進行過濾。

14　加入用奶油拌炒的切片洋菇，完成醬汁的製作。

完成

將鴿胸肉和腿肉盛盤，倒入醬汁。擺放上鹽之花和粗粒胡椒（皆為用量外）。

酸模湯
Soupe à l'oseille

Oseille的日文名稱是"すかんぼ",意思是帶著獨特酸味的葉菜。將其以鵝油(Graisse d'oie)拌炒後放入高湯中烹煮,再與鮮奶油一起攪打完成的湯品。乳霜般的柔滑美味,隱約帶著酸味,是樸質又具特色的一道湯。

波爾多肋眼牛排
Entrecôte à la bordelaise

烘烤稱為肋眼**Entrecôte**的牛肋里脊肉(rib roast),搭配紅葡萄酒醬汁和牛骨髓的料理。是以優質牛肉和葡萄酒著稱的波爾多,才能製作的一道特色美味。製作醬汁時,使用大量紅葡萄酒,經過仔細的熬煮將風味濃縮凝聚其中。

酸模湯

材料（方便製作的分量）

酸模　6盒（120g）
平葉巴西利　1盒（15g）
馬鈴薯　4個
雞基本高湯（→P224）　1.2L
蛋黃　2個
鮮奶油　200cc
鵝油
鹽　各適量

1　將酸模切成細絲，放入加熱了鵝油的鍋中，以中火拌炒。加入鹽。
2　待軟化，顏色產生變化後，放入切碎的平葉巴西利。
3　將雞基本高湯倒入2當中。沸騰後加入剝除外皮，切成適當大小並用水沖過的馬鈴薯，煮至竹籤可以輕易刺穿馬鈴薯為止。
4　將3放入攪拌機中攪打，以鹽和胡椒調味，用圓錐形濾網過濾。
5　倒回鍋中，以小火加熱並加入鮮奶油和打散的蛋黃。避免煮至沸騰地使材料融合。

完成

倒入深盤內。

波爾多肋眼牛排

材料（4人分）

肋眼牛排（1片220~250g）　4片
鹽
胡椒
沙拉油
奶油　各適量

醬汁

紅蔥頭（小）　6個
紅葡萄酒（波爾多產）　375cc
小牛基本高湯（→P224）　400cc
奶油　30g
鹽、胡椒　各適量

配菜

骨髓
岩鹽
鹽之花
黑胡椒（粗粒胡椒）　各適量

1　製作醬汁。切碎的紅蔥頭放入鍋中，倒入紅葡萄酒熬煮至半量。
2　加入小牛基本高湯，以圓錐形濾網過濾。
3　加入奶油提香並增添滑順度（monter），鹽和胡椒調整風味。
4　肋眼牛排的兩面撒上鹽，放入加熱沙拉油和奶油的鍋中，以中火煎至兩面呈現煎烤色澤（肉的煎烤程度可依個人喜好）。取出後撒上胡椒。
5　骨髓放入加有岩鹽的水中水煮，取出切成圓片。

完成

將4煎好的肋眼牛排盛盤，倒入大量醬汁。擺放骨髓，在其上佐以鹽之花和粗粒黑胡椒。

巴斯克

聖讓德呂茲
（Saint-Jean-de-Luz）

巴約訥（Bayonne）

比亞里茨（Biarritz）

地理　與法國西南部，大西洋沿岸的西班牙交界之處。從美麗的沙灘綿延的海岸線，至險峻山峰的內陸，可以看到此區豐富的地貌變化。

主要都市　巴約訥。從巴黎利用TGV約5小時可達。

氣候　海岸線是溫暖的，山區部分較涼冷，冬季會變得嚴寒。降雨量多。

其他　山區有很多人使用獨特的巴斯克語。

經典料理

Thon bassquaise
添加埃斯普萊特辣椒粉的鮪魚燉煮料理

Ttoro
又稱為「巴斯克的海鮮湯」。魚貝類、甲殼類的湯

Riz à la gachucha
添加西班牙香腸、番茄、甜椒、橄欖的燉飯

Saucisson basque Ibaiona
巴斯克的伊巴尤那（Ibaiona）品種的豬肉，製作的辣味乾臘腸

Boudin noir au piment d'Espelette
添加埃斯普萊特辣椒粉的豬血腸

　　位於法國和西班牙國境、庇里牛斯山西側的巴斯克。該地全部分成7個區域，其中4個是靠近西班牙側「南巴斯克」，3個靠近法國的則是「北巴斯克」。巴斯克擁有獨立的語言、文化，因此作為法國的一區，非常具有個性。木造的房屋、白牆搭配紅、綠的窗扉建築、各個屋簷下吊掛著辣椒、城市中可見穿著民族服裝戴著黑色貝雷帽的行人，充分感受到異國風情的都市。巴斯克雖然沿著庇里牛斯山，但西側面對大西洋，所以也有比亞里茨（Biarritz）、聖讓德呂茲（Saint-Jean-de-Luz）等海邊的觀光都市。

　　當地同時受惠於高山與海洋，漁業、農業都有大幅發展，物產豐饒。魚貝類方面，有法國近海珍貴的紅肉魚、鮪魚、青帶小公魚（鯷魚）、鱈魚、鯛魚、長槍烏賊、蟹、螯蝦，在河川也能捕獲小鰻魚或鱒魚等，農作物方面，有經過A.O.C.認證的埃斯普萊特紅辣椒、綠色的甜辣椒、甜椒和小型的甜椒（Piquillos）、還有洋蔥、大蒜、番茄、米等名產。這些食材組合製作出的料理，無論哪一道都魅力無窮，特別是稱作巴斯克風味，指添加了橄欖油、番茄、

在巴約訥（Bayonne）每年8月舉行的遊行、煙火大會、奔牛節等節慶活動。大家都穿著白色和紅色的服裝參加。

全法國巡迴的世界自行車比賽 "環法自由車賽Le Tour de France" 其中重要的一段，就是穿越巴斯克山間的嚴苛山岳段。

有完備的高爾夫球場、賭場，同時帶著優雅氣氛的海邊渡假勝地－比亞里茨（Biarritz）。在1950年代以後，也有很多外國的沖浪客。

甜椒類、辣椒類的料理。「巴克斯風味嫩雞」或雞蛋料理的「番茄甜椒炒蛋 Œufs à la piperade」，就是巴斯克最常見的料理，就是這些食材決定了味道和色彩。

其中，巴斯克豬肉的加工品－巴約訥火腿也是當地飲食中不可或缺的。除了巴斯克豬之外，還有香腸、西班牙香腸、Ventrèche（鹽漬胸肉）等肉製加工品，在海邊的巴約訥所製作的生火腿在國內外都受到相當高的評價，經常應用於料理之中。另外，肉類除了豬之外，羊、牛、雞，還有稱為Palombe的森林鴿子等相當多野味。特別是羊，Ossau-Iraty Brebis Pyrénées的羊，因為作為羊奶起司原料來源，利用山的斜坡盛行羊隻的飼育。羊奶起司與特產品的黑櫻桃果醬一起享用，也是巴斯克的傳統。

關於葡萄酒，在巴斯克地方只有被稱為"伊魯萊基 Irouléguy"一種。Irouléguy是村名，利用山的斜坡開墾出的分段式小型葡萄園所生產釀造。其他以酒類著名的就是蘋果氣泡酒，當地的蘋果氣泡酒較諾曼第更酸，帶著清爽的風味。

甜椒 Poivron
巴斯克的代表蔬菜。有紅、綠、黃。其中紅色、小型，前端呈尖形的稱之為「Piquillos」，帶甜味，多用於鑲填料理、或簡單的火烤等。

伊特薩蘇的黑櫻桃 Cerise noire d'Itxassou
產於山谷間的伊特薩蘇（Itxassou）村。有帶橘色的Xapata、深紅色的Peloa和漆黑的Belxa 3種，用於果醬或利口酒等。

小烏賊 Chipiron
小型的長槍烏賊。Chipiron是巴斯克地方對"烏賊"的說法。是巴斯克料理中的傳統食材。

巴斯克豬 Porc noir du pays basque
頭部和身體後面是黑色，耳朵下垂的獨特豬種。一度瀕臨滅絕的危機，現在則受到保護。被用於各種肉類加工食品（charcuterie）上，特別是巴約訥的生火腿十分著名。

庇里牛斯山飲乳羔羊 Agneau de lait des Pyrénées
除了料理中經常使用的庇里牛斯產的飲乳羔羊之外，用作起司原料的乳羊也很有名。乳羊有Manech品種、Basco-béarnaise品種。

埃斯普萊特辣椒 Piment d'Espelette（A.O.C.）
埃斯普萊特產的紅辣椒。是十六世紀從墨西哥傳至西班牙，而後傳至巴斯克。除了鮮明的辣味之外，還有獨特的風味和甜味。在1999年取得（A.O.C.）認證。

● 起司

歐梭伊哈堤半硬質乳酪
Ossau-Iraty Brebis Pyrénées（A.O.C.）
羊奶製的半硬質起司。加壓但沒加熱。在1990年取得（A.O.C.）認證。沒有特殊氣味，風味柔和，外皮帶著淡橘色。Ossau是溪谷，Iraty是森林的名字。

阿迪羊奶起司 Ardi-Gasna
Gasna在巴斯克語是羊，正如其名是羊奶起司。略加壓、無加熱，帶著堅果的香氣，隨著熟成而會略帶辛辣。整年都能購得，但最佳食用期是春季。

● 酒 / 葡萄酒

伊魯萊基 Irouléguy（A.O.C.）
在山的南面斜坡所開發的分段式葡萄園，是法國最小的葡萄園之一。在此生產紅、白、粉紅3款酒。其中65%是紅葡萄酒，包括Domaine de Mignaberry rouge等。

有阿杜爾河（Adour）流經的巴約訥（Bayonne）舊市區。門扉和窗框塗著象徵巴斯克色彩的紅、綠色建築，散發著獨特的都市氛圍。

巴約訥火腿是以鹽漬、乾燥後，放置9個月熟成，不會以整隻豬蹄狀態銷出。與Bigorre黑毛豬（Noir de Bigorre）的生火腿齊名，是巴斯克著名的加工肉名產。

在庇里牛斯山（Pyrénées）的夏天常可見到放牧的動物。其中羊隻很多，也盛行出產羊奶製作的起司。

巴斯克風嫩雞佐香料飯
Poulet basquaise, riz pilaf

處理切開整隻嫩雞,與番茄、青椒、生火腿等一起燉煮,
是巴斯克最具代表性的色彩,紅綠掩映的料理。
必須注意加熱方式,靈活運用雞肉特有的口感及美味,
使雞肉和蔬菜能充分調合。

〔解說→P98〕

紅椒鑲鹽鱈馬鈴薯
Piquillos farcis à la morue

巴斯克特產的圓錐形小紅椒 "Piquillos" 中，
填入混合了鹽鱈和馬鈴薯混拌的Brandade，
沾裹麵衣後煎炸而成。
是一道符合巴斯克氣氛並展現南法風格的料理。

〔解說→P100〕

巴斯克風嫩雞佐香料飯

材料（4人分）

嫩雞　1隻
生火腿（Baiona產／片狀。4片切碎）　12片
青椒（綠色甜椒）　4個
番茄　250g
洋蔥（薄片）　1個
大蒜（切碎）　3瓣
白葡萄酒　150cc
小牛基本高湯（→P224）　適量
香草束（→P227）　1束
奶油　30g
橄欖油　40g
埃斯普萊特辣椒粉（Piment d'Espelette）
鹽、胡椒　各適量

配菜

香料飯
├ 米　250g
├ 洋蔥（切碎）　1個
├ 雞基本高湯（→P224）　300～400cc　（約是米的1.5倍）
├ 奶油　60g
├ 香草束（→P227）　1束
├ 鹽、胡椒
└ 平葉巴西利（切碎）　各適量

1　處理雞肉（→P230），在腿部關節處切開，胸斜切成2等分。翅膀等帶骨部分則清潔後，使骨頭前端露出。

2　撒上鹽、胡椒，雞皮面朝下地放入以橄欖油和奶油加熱的鍋中開始煎。適度地補足奶油。

3　待全體煎至呈現金黃色後，取出肉類。以生火腿包捲，並用牙籤固定。

4　在熬煮用鍋內加入橄欖油和奶油，以中火加熱，略微地煎3。

5　燒炙甜椒表面，用保鮮膜包覆。當烤炙的薄皮因蒸騰熱氣而浮起時，將其剝除，去籽去膜並切成細絲。

6　在煎過雞肉的平底鍋內，依序加入大蒜、洋蔥、5的甜椒、去籽切碎的番茄，以中火拌炒。

7　用鹽和胡椒略加調味，擺放煎過的雞肉。加入白葡萄酒和足以淹覆食材高度的小牛基本高湯一起烹煮。

8　待沸騰後撈除浮渣，加入香草束和生火腿。蓋上鍋蓋，以小火燉煮約30分鐘。胸肉會比較容易受熱，所以先行取出。腿肉則需要較長的烹煮時間。

9　用金屬叉刺入雞肉，並能輕易刺穿時，就是烹煮完成了。取出雞肉，拔出固定生火腿的牙籤。

10　從煮汁中取出香草束，其他的蔬菜等仍留在其中，用中火加熱熬煮。撈除脂肪和浮渣。

11　待煮汁越來越少時，熄火。將雞肉放回鍋中混合。

12　製作香料飯。在鍋中放入半量的奶油，避免上色地拌炒洋蔥。放入米拌炒至米粒透明後，再加入雞基本高湯，煮至沸騰。

13　加入香草束、鹽、胡椒，以烘焙紙作為落蓋，再蓋上鍋蓋。用180℃的烤箱烤17分鐘。

14　取出鍋子，放入剩餘的奶油。蓋上鍋蓋燜蒸5分鐘。取出香草束，用叉子混拌奶油、鬆散米飯。

完成

在盤中排放巴斯克風味的嫩雞，澆淋上蔬菜和煮汁，撒上埃斯普萊特辣椒粉和平葉巴西利碎。尖尖地盛滿後，用其他容器盛放以平葉巴西利裝飾的香料飯。

紅椒鑲鹽鱈馬鈴薯

材料（8人分）

小紅椒（Piquillos）（罐頭）＊　16個

內餡（Brandade）
- 鹽鱈　500g
- 大蒜　6瓣
- 橄欖油　200cc
- 鹽
- 胡椒　各適量
- 馬鈴薯　1個

煮汁（cuisson）
牛奶　500cc
水　500cc
百里香　1枝
月桂葉　1片
黑胡椒（粗粒胡椒）　適量

麵粉　適量
蛋黃　3個
麵包粉（乾燥）
橄欖油　各適量

小紅椒的庫利（Coulis）
小紅椒　5個
鮮奶油　200cc
橄欖油
鹽、胡椒　各適量

＊小紅椒（Piquillos）是圓錐形的紅色小型甜椒。用
炭火燒烤後，仔細地剝除表皮，製成的瓶裝或罐裝市
售品。

1 製作內餡。卸除鹽鱈的腹骨和皮，分切成適當的大小（P240）。

2 在鍋中倒入牛奶以等量的水稀釋。加入百里香、月桂葉和粗粒黑胡椒，加熱。

3 剝皮除芽的大蒜先在水中預先燙煮（blanchir）。其中一半用量加入2當中，其餘放入橄欖油當中，以小火低溫加熱油封（confit）。

4 待2加熱至60℃以上後，放入鱈魚。避免煮至沸騰保持60～90℃。

5 約煮15～20分鐘後，鱈魚成為nacré狀態（像珍珠般透著青色光澤）後取出。

6 馬鈴薯撒上岩鹽舖在烤盤上，以160℃的烤箱烘烤。一旦冷卻就容易產生黏性，所以必須趁熱剝皮。

7 將攪打鬆散開的鱈魚、馬鈴薯和以煮汁燙煮過的大蒜，放入料理機內略加攪打。依序加入油封大蒜和油封用的橄欖油，再繼續攪打。加入的橄欖油和煮汁的分量，必須視鱈魚和馬鈴薯的硬度邊逐次少量地添加混拌。添加的大蒜用量可視個人喜好增減，但以總重量的一半為基本。

8 待攪打至稠厚狀態時，即已完成。以鹽和胡椒調整風味，製成內餡。

9 小紅椒以水洗去其黏稠及髒污，除去內餡及黏稠的薄皮。

10 將內餡裝入擠花袋內，填裝至小紅椒中。

11 在10外層依序裹上麵粉、混拌橄欖油的蛋黃、麵包粉。

12 在平底鍋中加熱大量橄欖油，用油脂澆淋全體地煎至上色。

13 製作小紅椒的庫利。和9同樣地用水清洗過的小紅椒和溫熱的鮮奶油一起攪打。

14 加入剩餘3的油封用橄欖油，適度地調整濃度，以鹽和胡椒調味。用圓錐形濾網過濾完成。

完成

供餐前將填入鹽鱈馬鈴薯的小紅椒放入約160℃的烤箱中溫熱後盛盤，佐以小紅椒庫利。

番茄甜椒炒蛋
Œufs à la piperade

甜椒搭配番茄、大蒜、洋蔥和生火腿，以橄欖油拌炒的巴斯克傳統料理 "piperade"，
將其混合了炒蛋製成的料理。
完成時蛋液呈半熟狀態是基本的技巧，可以品嚐出雞蛋的鬆滑柔和口感，
並與蔬菜的酸味形成對比的食趣。

生火腿（Baiona產／片狀） 4片
全蛋　6個
甜椒（紅、黃、綠）　各1個
番茄　600g
洋蔥　1個
大蒜　2瓣
埃斯普萊特辣椒粉（Piment d'Espelette）
橄欖油
鹽、胡椒　各適量

1　分切蔬菜。用削皮刀（Econome）削去甜椒的表皮，除去籽和膈膜，切成5mm寬的棒狀。番茄剝皮切碎，洋蔥切成薄片。大蒜去皮除芽，壓碎後切成碎末。

2　在平底鍋中放入少量生火腿（用量外）和橄欖油加熱，生火腿的脂肪釋出後，加入大蒜和洋蔥。撒上鹽，放入甜椒。

3　拌炒至蔬菜變軟後，加入番茄，以鹽和胡椒調味。轉以小火拌炒至整體融合。

4　以網篩過濾汁液後，放回鍋中，此時加入生火腿。再加入混拌了埃斯普萊特辣椒粉、鹽和胡椒的蛋液，輕輕拌炒。調整風味，趁雞蛋半熟呈滑順狀態時起鍋盛盤。

5　滴淋上橄欖油享用。

PÉRIGORD

佩里戈爾

DATA

佩里克（Périgueux）
貝傑拉克（Bergerac）
薩爾拉（Sarlat）

地理	位於法國西南部、多爾多涅河（la dordogne）中游的內陸地方。北部有森林、西南部是廣大的葡萄園與田園地帶，景觀各異。
主要都市	佩里克。距波爾多約100km，利用鐵路約需1小時。
氣候	雖然是內陸，但受海洋性氣候影響，溫暖。日照時間長。
其他	遺留中世紀美麗街景的薩爾拉（Sarlat），經常作為電影拍攝地。

經典料理

Omelette aux truffes
添加松露的歐姆蛋

Filets de perdreaux Perigueux
香煎山鷸鶉肉佐佩里戈爾醬汁

Tourin blanchi à ail
用豬脂或鵝油製作的香蒜湯

Liévre à la royale
紅酒風味燜蒸填有內餡的野兔料理

Aiguillettes de canard , sauce Pecharmant
烘烤鴨肉佐以佩夏蒙（Pecharmant）產的紅酒醬汁

Sobronade
燉煮料理的一種。四季豆、蔬菜和鹽漬豬肉的湯品

Enchaud
烘烤捲成渦旋狀的豬腰內肉，冷製完成

位於法國西南部內陸，氣候穩定的佩里戈爾地方。森林地帶廣闊的北部是"綠的"、石灰質土壤的中央部份是"白的"、盛行葡萄栽植的西南部是"紅的"、櫟木群生的東南部是"黑色的"，佩里戈爾各區以此為名，享有如此特別的自然風貌，還擁有拉斯科洞窟（rotte de Lascaux）壁畫等，以各種知名文化遺產而廣為人所知。主要都市是北部的佩里克（Périgueux），西南部的貝傑拉克（Bergerac）、東南部的薩爾拉拉卡內達（Sarlat-la-Canéda）也是大型都市。

而佩里戈爾的名產，就是有「黑色鑽石」之稱的黑松露。松露也有近30種的種類，其中學名為"佩里戈爾產松露Truffe de Périgord"香氣最佳，是全法國具高評價的品種。當地，用加入大量切碎松露的"佩里克醬汁sauce Périgueux"搭配製作各種特殊料理。在佩里戈爾的森林，也可採收像是牛肝蕈、雞油蕈、羊肚蕈等豐富的菇類，這些都被使用在料理搭配中。

此外，當地盛行鴨、鵝的飼育，肥肝生產量高。所以鴨或鵝的油封或使用其脂肪製作的料理，或是香煎肥肝、或凍派等都是著名菜餚。值得一提的是，被稱為高級食材的

位於貝傑拉克（Bergerac）西南方的蒙巴茲雅克（Monbazillac），以生產同名甜味葡萄酒而聞名的村莊。丘陵上的古堡周圍環繞著廣大的葡萄園。

佩里克每年8月舉辦國際默劇節（Mime Festival）"MIMOS"。影視、默劇等各國街頭藝人都會參加。

肥肝和松露，在當地的生產量約占全法國的半數，也因其多層次美味的料理，加深大眾對此地為法國首屈一指美食之鄉的認識。

廣大牧草地飼育的羊和牛，還有核桃、栗子、李子、草莓等特產。核桃常被使用在當地的著名糕點塔餅中。此外，南部因有多爾多涅河（la dordogne）等河川，所以「虹鱒佐牛肝蕈」、「奶油白酒鰻魚」、「油炸鉤魚Goujon（河梭魚）」等使用淡水魚的料理，也是當地著名的菜色。

另外，沿著多爾多涅河（la dordogne）沿岸的貝傑拉克（Bergerac）及其周邊，盛行葡萄的栽植，生產相當多的優質葡萄酒，當地的葡萄酒有紅、白兩種，特別有名的是甜味的白葡萄酒「蒙巴茲雅克Monbazillac」。色澤金黃、杏氣佳，帶著甘甜柔美風味的品牌商標，是佩里戈爾地區閃亮的存在。關於起司，著名的有使用法國西南部方言，奧克語（Lenga d'òc）命名、意思是「小山羊起司」的 "Cabécou" 等。這些都是使用山羊奶製作、風味柔和的小型起司。

佩里戈爾產核桃 Noix de Périgord（A.O.C.）
擁有A.O.C.認證、風味強烈。粒顆大、紮實，經常用於塔餅等。

佩里戈爾產松露 Truffe de Périgord
極高香氣的蕈菇，有「黑色鑽石」之稱。所謂「佩里戈爾的松露」是植物學的名稱，主要分佈在法國東南方，也分佈於義大利和西班牙。

羊肚蕈 Morille
又名草笠竹，傘蓋表面有無數細小孔洞。香味強烈，是春季的蕈菇，極為稀少。

雞油蕈 Girolle
又稱杏菇，是杯型的橘色蕈菇，傘蓋下面有細小的皺摺是其特徵，水分多但風味足。依品種不同，顏色和肉質也會略有差異。

鴨、鵝 Canard, Oie
無論哪一種都廣泛飼育，特別是灌食飼養出肥大肝臟的肥肝，十分著名。

鉤魚 Goujon
淡水蝦虎魚科。是生活在河川底部的小魚，擁有風味濃郁的魚肉。通常油炸食用。

● 起司

無花果形起司 Figue
山羊奶，無加熱、加壓製作而成的柔軟起司。全年皆可生產。Figue的意思是無花果，用布巾包覆紋擰製成無花果的形狀，因此命名。

核桃酒起司 Trappe Echourgnac
用牛奶製作的半硬質起司。雖然略施壓力，但無加熱。1868年以來，經由修道院全年製作生產，質樸均衡的味道。

● 酒／葡萄酒

貝爾格拉克丘紅酒 Côtes de Bergerac rouge（A.O.C.）
有著香草和莓果香氣，柔和單寧風味的優雅紅酒。有Château Brunet、Domaine Graves、Vignoble Raymond 等。

蒙巴茲雅克 Monbazillac）A.O.C.）
十四世紀開始就廣為人知，蒙巴茲雅克（Monbazillac）地區最著名的甜味葡萄酒。酒精濃度高。有Château de la Lande、Château Mautain、Château Bélingard等。

佩里克遺留著法國在羅馬時代，高盧-羅馬文化圈（Gallo-Roman culture）氣氛的城市。圓形劇場、城牆等，共留有37處遺跡。

因葡萄酒和煙草交易而發展的貝傑拉克（Bergerac）位於聖地亞哥-德孔波斯特拉（Santiago de Compostela）的朝聖之路上。保留著過去街道的美麗風貌。

蒙巴茲雅克的肥肝凍派
Terrine de foie gras au Monbazillac
添加洋李的肥肝凍派
Terrine de foie gras aux pruneaux

預先處理至加熱為止，需要一連串細膩的步驟，
才能製作出無可取代的滑順綿密口感，與濃醇魅力的肥肝凍派。
本書當中，介紹的是用甜味白葡萄酒「蒙巴茲雅克Monbazillac」和
白蘭地「雅馬邑Armagnac」增添風味的兩款作法。

材料（8人分）

蒙巴茲雅克的肥肝凍派
肥肝　1隻的分量（約600g）
鹽　12～13g（相對1kg的肥肝）
胡椒　2g（相對1kg的肥肝）
砂糖　1小撮
蒙巴茲雅克（Monbazillac）＊　適量

＊佩里戈爾的特產甜味白葡萄酒。酒精濃度高，具豐富的香氣。

添加洋李的肥肝凍派
肥肝　1隻的分量（約600g）
鹽　12～13g（相對1kg的肥肝）
胡椒　2g（相對1kg的肥肝）
砂糖　1小撮
雅馬邑（Armagnac）　適量
乾燥洋李（阿讓Agen產／無籽）　200g

1　考量在進行預備處理過的肥肝（P237）調味時的方便性，將肥肝薄薄地攤放在舖有保鮮膜的烤盤上。

2　量測完成去筋（dénerver）作業的肥肝重量。正確測量重量，才能預備相對重量約1.2%的鹽。

3　將2的鹽和胡椒、砂糖混合，均勻撒在攤放在烤盤的肥肝上。此步驟單面進行即可。

4　將蒙巴茲雅克酒大量澆淋在肥肝上。覆蓋上保鮮膜，靜置於冷藏室一夜。

5　放置一夜後，肥肝呈現膨脹狀態。藉由蒙巴茲雅克酒使調味料充分滲透吸收。

6　將5填入凍派（terrine）模。考量到脫模後的外觀，所以先選擇表面平順光滑的部分填入底部。

7　中段則適度地填入去筋（denerver）步驟時切碎的部分。利用雙手的手指輕輕按壓並將其填入。

8　上面也同樣填入表面平順光滑的部分。加熱時，會因脂肪融化而減少表面的不平整，所以可以略微填入多一些。

9　蓋上蓋子，擺放在舖有廚房紙巾的方型淺盤上。在方型淺盤中倒入熱水，放入90℃的烤箱以隔水加熱法，加熱約45分鐘。

10　完成加熱時，中央部分的溫度56℃最為理想。用刀子刺入肥肝當中，取出用刀子觸碰自己的嘴唇，稍稍感覺熱的程度即可。

11　預備新的方型淺盤，放置10。打開蓋子，在凍派模型開口處覆蓋上完全貼合的平坦板子。

12　在11的板子上，再擺放上重石。容器500g的凍派模約是使用1kg程度的重石。靜置於冷藏室一夜使其冷卻凝固。

13　添加洋李的肥肝凍派。與「蒙巴茲雅克的肥肝凍派」相同地，肥肝先進行1～3的作業，澆淋上雅馬邑（Armagnac）酒，靜置於冷藏室一夜。

14　將13填入凍派模內。將浸泡在雅馬邑酒（用量外）中一夜的乾燥洋李瀝乾水分，填入中段中央處。與8之後的步驟相同。

雉雞胸肉佐佩里戈爾醬汁、搭配薩爾拉馬鈴薯
Filet de faisan sauce perigueux et pomme de terre à la sarladaise

使用特產松露和松露原汁，製作出具高度香氣的佩里戈爾醬汁。

用來搭配口感紮實的香烤雉雞胸肉。

配菜用的是散發大蒜和鵝油（graisse d'oie）香氣的香煎馬鈴薯。

是佩里戈爾的小鎮薩爾拉（Sarlat）的名產，搭配牛肝蕈一起享用也十分美味。

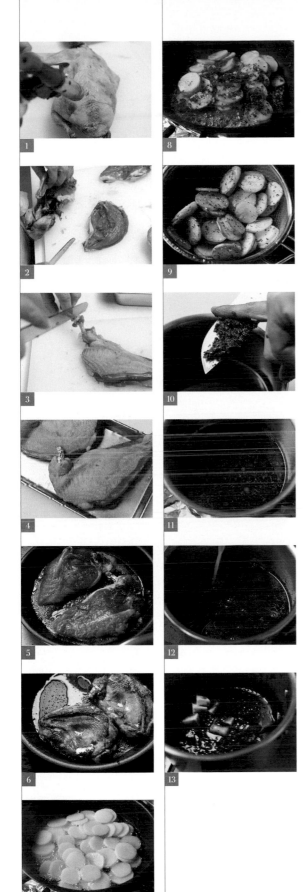

雉雞胸肉　4片
奶油
沙拉油
鹽　各適量

佩里戈爾醬汁
波特酒　50cc
馬德拉酒（Madeira）　20cc
干邑白蘭地　30cc
松露（切碎）　1個
小牛基本高湯（→P224）　300cc
奶油　40g
松露原汁
鹽、胡椒　各適量

配菜
薩爾拉風味馬鈴薯
- 馬鈴薯　800g
- 鵝油　120g
- 大蒜（切碎）　2瓣
- 平葉巴西利（切碎）　2大匙
- 鹽　適量

1 雉雞的處理方法基本上與綠頭鴨相同（P.230）。若表面仍殘留羽毛時，可以噴槍燒炙後，擦拭再進行分切。

2 本料理中僅使用胸肉。切除多餘的脂肪。

3 調整雞翅頂端骨頭的形狀。

4 因骨頭容易燒焦，所以用鋁箔紙包覆。排放在方型淺盤並撒上鹽。

5 帶皮側朝下，放入以沙拉油和奶油加熱的鍋中煎。用中火緩慢仔細地使中央部分完全受熱。

6 待煎至兩面充分煎熟後，取出，靜置於溫熱的場所。

7 製作薩爾拉風味馬鈴薯。預備處理過的馬鈴薯（P242），放入大量的鵝油中，以中火確實加熱馬鈴薯，拌炒至表面呈現黃金色澤為止。

8 待充分受熱並呈現煎烤色澤後，撒入鹽，加入大蒜和平葉巴西利。

9 粗略翻拌後，夾至網篩中瀝出油脂。

10 製作醬汁。在鍋中放入波特酒、馬德拉酒、干邑白蘭地、松露、松露原汁。

11 以小火加熱至略微沸騰的狀態，並維持此狀態地熬煮至半量程度。

12 加入小牛基本高湯，再熬煮至呈現濃稠為止。

13 加入冰冷的奶油，邊晃動鍋子地提香並增添滑順度（monter），以鹽和胡椒調整風味。

完成

將切成方便食用大小的雉雞胸肉和薩爾拉風味馬鈴薯盛盤，倒入醬汁。

油封鴨
Confit de cuisse de canard

鴨是製作該地特產肥肝時不可或缺的家禽。

養肥並取出肥肝後的鴨子以低溫鴨脂，或是鵝脂油封，是最常見的經典名菜。

這道菜也很適合搭配"薩爾拉風味馬鈴薯"。

香煎肥肝和薩爾拉焦糖蘋果
Foie gras chaud et pommes rôties au beurre comme à Sarlat

僅用平底鍋將厚切肥肝煎至飄香。

佐上用甜味白葡萄酒「蒙巴茲雅克Monbazillac」製成的醬汁和焦糖蘋果。

越簡單就越能夠品嚐出佩里戈爾著名肥肝美味的一道料理。

油封鴨

材料（8人分）

鴨腿肉* 8隻
鴨脂 1.5kg
大蒜 4瓣
百里香 1枝
月桂葉 1片
粗鹽 12g（相對於1kg的肉）

配菜

- 薩爾拉風味馬鈴薯
- 馬鈴薯 800g
- 鵝油 120g
- 大蒜（切碎） 2瓣
- 平葉巴西利（切碎） 2大匙
- 鹽 適量

沙拉
- 嫩葉生菜（Baby leaf）
- 油醋醬 各適量

* 鴨腿肉，若是取出肥肝後的大腿肉，則1隻／每人，
8人份。若是普通的鴨腿肉則2隻／每人，4人份。

1 在鴨腿肉上揉搓粗鹽，擺放百里香、月桂葉，排放在方
　型淺盤上，覆蓋保鮮膜，放入冷藏室靜置12～24小時。
2 除去多餘油脂，用水清洗掉粗鹽。確實擦乾水分備用
　（百里香和月桂葉留待3使用）。
3 在鍋中放入鴨脂，連同鴨腿肉　起將1當中使用的百里
　香和月桂葉、帶皮大蒜放入鍋中。保持脂肪在90℃，約
　加熱3小時左右。
4 待刀子能輕易刺入後，取出，放在架有烤網的方型淺盤
　上。放入200℃的烤箱（或平底鍋）中烘烤至表皮香脆。
5 製作薩爾拉風味馬鈴薯（P109）。

完成

將油封鴨盛盤，佐以薩爾拉風味馬鈴薯和混拌油醋醬的
嫩葉生菜。

香煎肥肝和薩爾拉焦糖蘋果

材料（6人分）

肥肝（鴨） 500g
鹽、胡椒 各適量

醬汁

蒙巴茲雅克（Monbazillac） 300g
小牛基本高湯（→P224） 300cc
奶油 80g
鹽、胡椒 各適量

配菜

薩爾拉風味焦糖蘋果
- 蘋果 4個
- 奶油 70g
- 沙拉油 適量
- 砂糖 10g

沙拉
- 野苣（Mâche） 1盒
- 生菜 1個
- 菊苣 1個
- 榛果油 5小匙
- 白酒醋 2小匙

1 肥肝的脂肪成分高，容易釋出油脂變得柔軟，不易處理
　保存，所以在開始烹煮前都先置於冷藏室保存。肥肝切
　成厚片撒上鹽，用鐵氟龍加工的半底鍋將兩面香煎至金
　黃飄香。先用大火使表面迅速凝固，之後轉為中火，加
　熱至中央熟透。試著按壓表面，中央還沒有硬度時，即
　已完成香煎。
2 擺放在廚房紙巾上，吸去油脂，撒上胡椒。
3 製作薩爾拉風味焦糖蘋果。蘋果去皮，兩個挖去芯和
　籽，切成厚圓片。其餘2個切成6～8等分的月牙狀。
4 加熱奶油和沙拉油，放入砂糖增色。
5 將4各別分切好的蘋果放入鍋中，加熱使其焦糖化。
6 製作醬汁。熬煮蒙巴茲雅克酒至半量時，加入小牛基本
　高湯，再繼續熬煮。
7 待產生濃稠後，以鹽和胡椒調味，加入奶油提香並增添
　滑順度（monter）。

完成

將肥肝和薩爾拉風味焦糖蘋果盛盤，倒入醬汁。佐以適
當地撕成食用大小的生菜、菊苣、野苣，以榛果油和白
酒醋混拌過一起享用。

土魯斯、加斯科涅

DATA

蒙德馬桑
（Mont-de-Marsan）

土魯斯（Toulouse）

歐什（Auch）

地理	位於法國西南部、庇里牛斯山脈和中央高地相當接近的內陸地方。加隆河與其支流所流經的平原，是寬廣悠閒的田園景致。
主要都市	土魯斯即是土魯斯、加斯科涅有歐什。
氣候	溫暖，夏天會變得炎熱，但山地吹拂的風卻是涼冷的。春季多雨。
其他	畫家土魯斯-羅特列克（Henri de Toulouse-Lautrec）就是出生於土魯斯東北的城市，阿爾比（Albi）。

經典料理

Manouls du Lauragais
火腿、大蒜、平葉巴西利等填裝入小牛胃的料理

Salade occitane
雞胗和燻製鴨胸肉的沙拉

Foie sec de porc aux radis
香煎燻製的豬五花薄片、佐以櫻桃蘿蔔

Estouffat de bœuf toulousain
燉煮牛肉

Escalopes de veau à l'aillade
香蒜醬汁風味的小牛肉薄片

Millas
玉米粉加牛奶混合後的濃稠粥狀，加熱後再放涼製成，也會用奶油烘烤後食用。有鹹味和甜味兩種。

土魯斯是位於法國西南部，南部-庇里牛斯（Midi-Pyrénées）的都市，以土魯斯為中心的地區。此地從希臘・羅馬時代開始其繁榮的歷史，至今則是以生產最尖端飛機的航空業為據點，廣為人知。因有許多美麗的紅磚建築羅列，所以又被稱為「玫瑰色的城市」，近郊有紫花地丁群聚生長，可用在糖漬或糖杏仁的紫花地丁糕點或紫花地丁的香水，又被稱為「紫花地丁城」。在土魯斯和西邊的波爾多之間，歐什附近，就是加斯科涅地方。

土魯斯和加斯科涅都有著穩定的氣候，因此沿著加隆河的廣大平原，栽植著各式各樣的作物。在此栽植最多的是粉紅色或紫色外皮的大蒜，白蘆筍、白腰豆、杏仁、哈密瓜、葡萄等。白腰豆與羊肉、鴨和鵝腿肉、番茄等一起放入稱為cassole的陶鍋，放進烤箱加熱慢燉，就是當地的同名料理「卡酥來砂鍋cassole」。這個卡酥來砂鍋在東邊的朗多克（Languedoc）地方，就成了卡斯泰爾諾達里（Castelnaudary）和卡卡頌（Carcassonne）的獨特料理。「土魯斯風味」基本上就是放入了辛香料十足的土魯斯香腸，或油封鴨、鵝等。

用石塊和紅磚建造的土魯斯市政廳被稱為 "Capitole"。在市政廳前的廣場，每天都有蔬菜和花卉市場，群眾聚集非常熱鬧。

架設在加隆河上建於十七世紀的新橋（Pont Neuf），是土魯斯著名的景點之一。沿河的散步道，常可見到許多陶醉在紅磚街景中的觀光客。

在土魯斯，冬季也會下雪。照片中是米迪運河（Canal du Midi）。連結加隆河沿岸城市至地中海沿岸的塞特（Sète），曾經是重要的運輸管道。

並且，在卡酥來砂鍋中加入鴨或鵝，雖然是法國西南內陸的共通特產，但特別在土魯斯和加斯科涅地方盛行飼育，還生產很多肥肝。以燉煮、用油脂低溫的油封就是肉類的經典烹調法，在卡酥來鍋中使用油封保存的腿肉，也很常見。其他的特產品還有放牧飼育的羔羊、牛、雞。在河川、湖泊中也可捕獲鱒魚、鯉魚、螯蝦等。另外，因多森林，也能採收牛肝蕈、黑喇叭（Trompette）等菇類，還有栗子、核桃也相當豐富。

關於酒類，首先是葡萄酒，包含二個A.O.C.弗龍通（Fronton）和蓋亞克（Gaillac）和四個Vin de Pays（地區葡萄酒）。夾在西邊的波爾多和東南的朗多克-魯西永之間的地區，是當地稱為「西南葡萄園」的優質葡萄酒產地。其他還有蒸餾白葡萄酒後，放入黑色橡木桶內使其上色熟成的雅馬邑（Armagnac），在歐什附近同名地區釀造十分著名。關於起司，稱為「洋梨形山羊奶起司Bouton d'Oc」的山羊乳製起司較多，也有像「盧曼鐸姆起司Tomme de Lomagne」般的牛奶起司，有豐富的各種組合變化。

洛特勒克產的玫瑰蒜 Ail rose de Lautrec
玫瑰色條紋的大蒜，具甜味且香氣柔和。1966年以來一直榮獲法國農產的品質標章，是最高級的品項。

白腰豆 Haricot blanc
作為卡酥來砂鍋（Cassoulet）的主要食材。著名的有洛拉蓋（Le Lauragais）產的「haricot lingot品種」、帕米耶（Pamiers）產的「haricot coco品種」等。

土魯斯的鵝 Oie grise de Toulouse
大型美麗的鵝，用於生產肥肝等。棲息於歐洲各國及美國。

白螯小龍蝦 Écrevisse à pattes blanches
白色的食用螯蝦。僅在上加隆省（Haute-Garonne）南部地區、科曼日（Comminges）的幾個小河才能捕獲的稀有品種。

● 起司

盧曼鐸姆起司 Tomme de Lomagne
在加斯科涅地方的盧曼（Lomagne），整年都能製作生產，以牛奶為基底的半硬質起司。不加熱、但加壓製作而成。

洋梨形山羊奶起司 Bouton d'Oc
Tarn縣製作的山羊奶起司。無加壓也沒加熱，因此柔軟且紋理細緻。作為開胃菜（Aperitif）食用。雖是洋梨形狀，但名稱的意思卻是「奧克的牡丹」。（"奧克"是南部的方言，"oui=yes"的意思）。

克羅坦起司 Crottin de pays
以自然農法製作，當地的山羊奶起司。軟質，經常被用在溫沙拉的搭配。整年都有生產，但春～秋的會更美味。

● 酒／葡萄酒

佛東內丘 Côtes du Frontonnais（A.O.C.）
加隆河支流流域蒙托邦（Montauban）的南部所生產的葡萄酒。以力道十足、風味強勁的紅酒而聞名。

蓋亞克 Gaillac（A.O.C.）
Tarn川周邊73個市鎮村所釀造的葡萄酒。大多是帶果香、口感滑順的產品。

雅馬邑 Armagnac（A.O.C.）
白葡萄酒蒸餾，用橡木桶熟成釀造的白蘭地（Eau de Vie.）。1936年取得（A.O.C.）認證。雅馬邑和果汁混合的「加斯科涅花束Floc de Gascogne」調酒，作為餐前酒，相當受到歡迎。

歐什（Auch）市區的代表、有著美麗玫瑰窗的歐什主教座堂（Cathédrale Sainte-Marie d'Auch）。歐什位於加隆河支流熱爾（Gers）河沿岸的位置，是座有歷史的城市。

位於歐什（Auch）西邊丘陵地的馬爾西亞克（Marciac），仍留有十四世紀時所建的聖母（Notre-Dame）教會等美麗的村落。每年夏天會舉行爵士音樂祭。

法式燉雞鍋
Poule au pot

十六世紀法國國王亨利四世，
將其定為法國國民星期天最適合家族聚餐的菜單，法式燉雞鍋「Poule au pot」。
正如其法文直譯為「母雞砂鍋」，是在母雞中填入火腿、大蒜等，
與調味蔬菜一起咕嚕咕嚕燉煮而成。

〔解說→P116〕

土魯斯風味卡酥來砂鍋
Cassoulet de Toulouse

用稱為 "Cassoulet" 可以在烤箱中加熱的陶製專用鍋，
放入白腰豆、羊肉、豬皮、土魯斯風味臘腸、油封鴨，
仔細地燉煮，使肉類的美味滲入豆子當中。
樸質且風味濃郁，凝聚了當地美味魅力的一道料理。

〔解說→P118〕

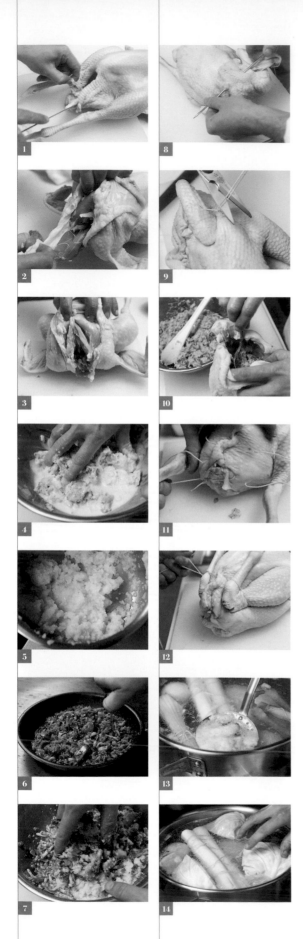

法式燉雞鍋

材料（4～6人分）

雞（母雞含肉臟／1.8～2kg）　1隻
內餡
   豬肩里脊肉　200g
   生火腿　150g
   培根　50g
   長棍麵包或新鮮麵包粉　150g
   牛奶　200cc
   洋蔥　1個
   大蒜　2瓣
   全蛋　1個
   蛋黃　1個
   馬德拉酒
   干邑白蘭地
   奶油
   鹽、黑胡椒
   水　各適量

配菜

紅蘿蔔　2根
洋蔥　2個
韭蔥　2根
西洋芹　1根
香草束（→P227）　1束
丁香　1個
高麗菜　1個

1 首先拉開雞尾的空洞，除去內部的脂肪。

2 頭部也同樣地除去脂肪，從頸部底端切除雞頭。

3 拉開頭頸部的雞皮，除去Y形骨。切去雞腳、翅膀尖端，整合形狀。

4 製作內餡。長棍麵包撕碎放入缽盆中，加入馬德拉酒、牛奶、全蛋、蛋黃，混拌使其融合。

5 在加入奶油的鍋中，拌炒洋蔥和切碎的大蒜至出水（suer），移至方型淺盤冷卻。

6 將生火腿和培根切碎放入鍋中迅速拌炒，移至方型淺盤上冷卻。在另一個鍋中煎香雞內臟的表面，以干邑白蘭地點火燄燒（flambé）之後切碎備用。

7 混合4、5、6，加入絞碎的豬肩里脊肉粗略混拌。加入黑胡椒和鹽，再充分混合。

8 疊放雞翅，以針及綿線穿入固定，並縫合雞頭頸處和背部的雞皮。

9 使頭頸部確實閉合後，剪斷綿線。

10 從尾部的空洞中避免空氣進入地，仔細裝填內餡。

11 完成裝填後，縫合尾部空洞使其閉合。

12 雞腿也確實收緊，避免散開地用綿線綁縛，並在雞腿關節處劃切使其容易折疊。

13 配菜部分，剝除洋蔥並削去紅蘿蔔的表皮。在洋蔥上刺入丁香，充分沈淨後，以綿線綁縛。西洋芹除去粗老纖維。在深鍋中放入雞和高麗菜以外的配菜，倒入大量的水分，先以小火～中火熬煮1個半小時。過程中，適度地撈除浮渣。

14 加熱中途，加入切成4等分的高麗菜，再熬煮至完全受熱熟透。

完成

雞和配菜切成方便食用的大小，盛裝於湯盤享用。

土魯斯風味卡酥來砂鍋

材料（6人分）

白腰豆（Lango品種。乾燥） 800g
豬皮 250g
豬五花肉（鹽漬*1） 250g
羔羊肩肉（或頸肉） 500g
豬背肉 300g
土魯斯風味香腸*2 1根
大蒜風味香腸*3 2根
紅蘿蔔 1根
洋蔥（中） 3個
丁香 2~3個
香草束（→P227） 1束
大蒜 5瓣
番茄 3個
番茄糊 3大匙

油封鴨腿肉（→P244） 6隻

鵝油 100g
鹽、胡椒、乾燥麵包粉 各適量

＊1 鹽漬的方法請參照「鹽漬豬肉Petit Salé
（P155）」

＊2 用豬肩肉或五花肉製作，帶著粗粒黑胡椒味
道的香腸，尚未加熱處理，呈渦卷狀。

＊3 紮實地帶著大蒜風味的豬肉香腸。市售品。

1 白腰豆浸泡一夜並清洗後，連同豬皮、鹽漬五花肉一起用小火燙煮10～15分鐘。撈除浮渣，並丟棄煮汁。

2 在鍋底舖放燙煮過的豬皮，放入瀝乾水分的白腰豆和切成棒狀的五花肉。

3 放入香草束、紅蘿蔔、刺入丁香的洋蔥和2瓣大蒜，連同可以完全淹蓋食材的水分，以小火燉煮1個半小時。

4 用鹽調整風味，除了調味蔬菜和豬皮之外，將材料和煮汁分開。煮汁熬煮至產生濃稠為止。

5 加熱鵝油拌炒1個洋蔥和2瓣切碎的大蒜，以中火拌炒，加入4的白腰豆和五花肉，繼續拌炒。

6 避免土魯斯風味香腸加熱時破損，先在表面以竹籤刺出孔洞，用鵝油香煎兩面。加少量的水，蓋上鍋蓋，燉煮約5分鐘。

7 豬背肉切成方塊、羔羊肩肉的脂肪具羶味，所以先切除脂肪後再切成方塊，撒上麵粉。

8 在平底鍋中加熱鵝油，依序煎豬肉、羔羊肉。過程中撒上鹽，待呈現煎烤色澤時，取出放至方型淺盤並撒上胡椒。丟棄平底鍋中的油脂。

9 以攪拌機將1個洋蔥和1瓣大蒜攪碎。或是以刀子切碎也可以。

10 用8的平底鍋加熱鵝油，放入洋蔥和大蒜拌炒，加進以熱水燙去皮去籽切碎的番茄、香草束、番茄糊。

11 待洋蔥和番茄煮熟後，熄火，移至燉煮用鍋內。將8的肉類和足以淹蓋食材的水分一起加入鍋中，撒入鹽和胡椒。蓋上鍋蓋，放入200℃的烤箱。燉煮1個半小時～2小時。

12 待肉類變柔軟後，將肉和煮汁分開。在大鍋中放入豆子、五花肉和其他肉類，過濾4的白腰豆煮汁和肉類煮汁，加入其中。

13 放進切成適當大小的土魯斯風味香腸和大蒜風味的香腸，以小火略加溫熱備用。

14 以85～100℃的鵝油，油封鴨腿肉1個半小時～2小時之後，放入160℃的烤箱中略略烘烤，以釋出多餘油脂（P244）。

15 預備深型陶皿或砂鍋，放入切成10cm塊狀的生豬皮，油脂面朝上地舖放在底部。

16 放入13和14。全面撒上麵包粉，澆淋鵝油，放入160℃的烤箱中，約加熱1小時。待表面烘烤至乾燥時，適度地澆淋鵝油，重覆數次後完成烘烤。

蔬菜燉湯
Garbure

油封鴨或鵝，與高麗菜、馬鈴薯、四季豆等各式蔬菜一起燉煮，
食材豐富的湯品。
據說起源自靠近庇里牛斯南部，貝亞恩（Béarn）的鄉村經典料理，
會搭配鄉村麵包享用。

材料（8人分）

白腰豆（乾燥）　250g
韭蔥　3根
蕪菁　3個
紅蘿蔔　200g
高麗菜　1顆
馬鈴薯　600g
四季豆　150g
青豆仁　150g
生火腿　1片
培根（Pancetta）　400g
鵝油　適量
香草束（→P227）　1束
大蒜（小）　1/2顆
油封鴨腿肉（→P244）　4隻
土魯斯風味香腸（→P118）　約250g
鹽、胡椒、水　各適量

完成

鄉村麵包　適量

1　白腰豆浸泡水中一夜還原。左邊是泡水後的狀態，吸收水分後會膨脹，略帶黃色。

2　除了四季豆之外的蔬菜都先清潔後，切成1cm的片狀（paysanne），馬鈴薯切完後過水。

3　四季豆用鹽水燙煮後，放入冰水中，切成與2相同大小。青豆仁也用鹽水燙煮。

4　除去培根的皮，切成細絲放入冷水中燙煮以除去多餘的油脂。皮取下備用。

5　在鍋中放入鵝油和培根切下的皮，加熱。

6　加入燙煮過並瀝乾水分的培根、切碎的生火腿，略加拌炒。

7　放進紅蘿蔔、蕪菁和瀝乾水分的白腰豆，繼續拌炒。

8　加進韭蔥粗略混拌後，倒入足以淹覆材料的水分。

9　放入香草束和大蒜後開始加熱，待沸騰後撈除浮渣。

10　待蔬菜煮至某個程度後，放進瀝乾水分的馬鈴薯和高麗菜，再繼續燉煮。過程中以鹽和胡椒調味。

11　避免土魯斯風味香腸加熱時破損，先在表面以竹籤刺出孔洞，用鵝油香煎兩面。加少量的水，蓋上鍋蓋，加熱約5分鐘

12　待熟透，產生膨脹時，取出切成一口食用的大小。

13　預備好的油封鴨腿肉也切成一口食用的大小。

14　當10燉煮約1小時後，加入四季豆、青豆仁、土魯斯風味香腸、油封鴨至溫熱。

完成

盛盤，搭配切片的鄉村麵包一起享用。

BOURGOGNE

勃艮第

DATA

歐塞爾（Auxerre）　第戎（Dijon）

博訥（Beaune）

地理　　　法國中部偏東的位置，具有廣闊綿延的丘陵
　　　　　地帶。有塞納河的支流－約納河（Yonne）和
　　　　　羅亞爾河支流－索恩河（Saône）等流經。
主要都市　第戎。從巴黎搭乘TGV約二小時可達。
氣候　　　大陸型氣候，夏季相較溫暖、冬季嚴寒。
其他　　　主廚貝爾納魯瓦佐（Bernard Loiseau）先生活躍
　　　　　的索略（Saulieu），就是位於此地的中央都市。

經典料理

Coq au vin
紅酒燉雄雞

Lapin à la moutarde
黃芥末風味的燉兔肉

Crapiaux du Morvan
香煎培根搭配厚燒可麗餅

Poulet Gaston Gérard
香煎雞肉之後以鮮奶油、黃芥末、康堤起司燉煮

Tarte à l'Époisses
艾帕斯起司和火腿的塔餅

Jambon persillé
加入大量平葉巴西利的勃艮第豬肉火腿

Pochouse
白酒煮川鱸等肉質緊實的淡水魚

　　勃艮第是被北邊的巴黎盆地、南邊的中央高地包夾，法國中央偏東的廣闊地方。地名源自五世紀的勃艮第人（Burgundians）在當地建立的王國。在十一世紀時，以第戎為首都設立了勃艮第公國，自此以來，經由各統治者更替至今，繁榮至極。也因此現今在當地仍存留相當多的歷史建築，位於北部韋茲萊（Vézelay）的世界遺產「聖瑪利亞•瑪達肋納聖殿Basilique Sainte-Marie-Madeleine」，是前往西班牙聖地的聖地牙哥-德孔波斯特拉（Santiago de Compostela，朝聖的出發點之一，並以此聞名。

　　提到勃艮第的特產，首先就是葡萄酒。與西南部的波爾多並列優質葡萄酒產地，以稱為科多爾（Côte-d'Or金丘）的地區為中心，受到歷代勃艮第公爵的庇護，自古以來即盛行葡萄酒的釀造。高品質的葡萄酒與極品料理，受到領主權威的認可，就能得到生產獎勵。並且，該地區相較於波爾多，天氣略略涼冷，所以多以夏布利（Chablis）和黑皮諾（Pinot Noir）等耐寒的品種為主要栽植，葡萄酒的分類也與波爾多略有不同。波爾多是以酒莊château為單位進行分類，而勃艮第則是細分各葡萄園為分類。

有著彩色屋頂慈善醫院等著名景點，第戎近郊的博訥，以名為「光榮三日Les Trois Glorieuses」的葡萄酒拍賣會，和國際巴洛克音樂節（Festival International de Musique Baroque）聞名。

位於第戎南部的葡萄酒產地－金丘（Côte-d'Or）。熱夫雷-尚貝坦（Gevrey-Chambertin）的北側是夜丘產區（Côtes de Nuits），南側則稱為博訥產區（Côte de Beaune）。

黑醋栗酒 "Crème de Cassis" 是第戎的特產。與不甜的白葡萄酒混合成「基爾酒kir」是很受歡迎的飲用方法。

勃艮第產的松露 Truffe de Bourgogne

除了莫爾旺（Morvan）之外，在9〜10月間可以大範圍採收。表面色黑、中間呈巧克力色，外觀看似與佩里戈爾產的類似，但具有獨特的香氣。

黑醋栗 Cassis

第戎自古以來一直培植著黑醋栗。這個地區的產品稱為「勃艮第之黑」，是味道和香氣最佳的品種。1841年開始銷售的利口酒「黑醋栗酒Creme de Cassis」就是此地所釀造的。

勃艮第產蝸牛 Escargot de Bourgogne

茶色外殼帶著白色條紋的大型蝸牛，非常罕見的品種。用傳統的平葉巴西利奶油烹調。7月上旬可捕獲。

第戎的黃芥末 Moutarde de Dijon

搗碎黑色或茶色的芥末籽，用醋或白酒攪拌混合成膏狀的黃芥末醬，具辣味、銘黃色是其特徵。

● 起司

艾帕斯起司 Époisses de Bourgogne

據說是拿破崙喜好的牛奶起司。加壓、不加熱的柔軟洗浸起司，浸漬了用葡萄渣製作的白蘭地「渣釀白蘭地 Marc de Bourgogne」，以增加風味。

沙維尼奧爾的克羅坦山羊起司
Crottin de Chavigno（A.O.C.）

山羊奶起司，加熱、不加壓地製作而成。整年都可生產，在各種不同熟成度之下可享受到不同的風味，經常作為前菜食用。

● 酒／葡萄酒

勃艮第與波爾多、香檳區並列，世界首屈一指的葡萄酒產地。雖然出產許多高品質A.O.C.葡萄酒，但也依其等級分成4個分類。最平價的是Régional（Bourgogne Rouge等）、而最昂貴是grand cru（Chablis Grand Cru, Les Clos等）。

並且，在勃艮第最具特色的是一個葡萄園（cru）內有複數的生產者。即使是相同的葡萄園，也常因生產者不同，而產生不同風味的情況。另外，通常不進行混搭也是其特色。

葡萄酒產出豐富的勃艮第，在料理上當然也經常使用葡萄酒。最具代表性的牛肉、公雞的葡萄酒燉煮，更是使用了大量的葡萄酒。黃芥末醬的製作上也運用了葡萄酒和葡萄酒醋，雖然黃芥末是第戎的名產，但第戎卻是以混合白葡萄酒和黑醋栗酒的「基爾酒kir」發源地而著稱。而且，葡萄酒也有其副產品，像是蝸牛，原本就多棲息於葡萄園，不知不覺間就成了經典的特產食材。此外，壓榨後的葡萄殘渣，也可釀造成稱作Marc的白蘭地，相關產品其實很多。

其他的特產品，還有醋漬酸黃瓜"cornichon"、蘆筍、櫻桃，還有南部夏洛來（Charolais）地區飼育的牛和羔羊，附近莫爾旺（Morvan）地區的生火腿，和肉類加工食品（charcuterie）等。起司也相當豐富，有相當多的牛奶、山羊奶的製品。此外，添加大量肉桂、肉荳蔻等辛香料的糕點類麵包，香料麵包（Pain d'épices）就是此地的名產。這個地方本來就是交通要衝，很早就從東方引進辛香料，因此才會有此麵包誕生，令人懷想起過去繁榮的歷史。

聳立在韋茲萊（Vézelay）"永恆的山丘Colline éternelle"。於此的羅馬式（romanesque）建築傑作「聖瑪利亞•瑪達肋納聖殿Basilique Sainte-Marie-Madeleine」和此山丘都被登錄為世界遺產。

流經勃艮第西部歐塞爾（Auxerre）的約納河（Yonne）。現在是觀光船往來的悠閒河川，曾經是將葡萄酒運往巴黎的必經之路。

位於北部馬爾馬尼（Marmagne）村的豐特奈修道院（Abbaye de Fontenay）是一座建於十二世紀的熙篤會修道院，基於禁欲的教義，建造成簡樸的建築。

紅酒燉牛肉
Bœuf bourguignon

用勃艮第產的紅葡萄酒醃漬牛肉之後，
連同醃漬液體和調味蔬菜、牛肉一起長時間熬煮製作。
搭配亮面煮洋蔥、香煎培根和洋菇享用。
盛行於法國全境，是勃艮第最著名的料理。

材料（6人分）

牛腿肉（脂肪較少的部分）　1.5kg
紅蘿蔔　1根
洋蔥　1個
平葉巴西利的莖　適量
大蒜　2瓣
香草束（→P227）　1束
紅葡萄酒　750cc
鹽、胡椒　各適量
麵粉　2大匙
小牛基本高湯（→P224）　500～700cc
沙拉油、奶油　各適量
粗鹽
黑胡椒（粗粒胡椒）　各適量

配菜

香煎培根（→P244）
亮面煮（glacés）小洋蔥（→P247）
香煎洋菇（→P250）　各適量
脆麵包（Crouton）
┌ 吐司麵包（片狀）　6片
└ 清澄奶油、平葉巴西利（切碎）　各適量

1　牛肉分切成35～50g的大塊狀。
2　與切成方塊的紅蘿蔔、洋蔥混合地放入缽盆中，再擺放上大
　　蒜、平葉巴西利的莖和香草束。
3　倒入紅葡萄酒略加混拌後，放置醃漬一夜。
4　醃漬後的狀態。肉類和蔬菜都同時吸收了紅葡萄酒，成為紅
　　褐色。
5　將牛肉、蔬菜與醃漬液分開。
6　液體放入鍋中，加熱至沸騰。因會產生浮渣，必須仔細全部
　　撈除。
7　牛肉的兩面都撒上鹽和胡椒，放進加了沙拉油和奶油的鍋中，
　　煎至表面變硬。雖然保持大火，但因醃漬過葡萄酒容易燒焦，
　　必須多加注意。
8　將肉放置於網篩中，瀝乾汁液。將煎時釋出的汁液加入6當中
　　混合。
9　在煎牛肉的鍋中放入奶油，拌炒5的蔬菜至出水（suer）。
10　放回牛肉，撒入麵粉，避免殘留粉類氣味地充分拌炒。倒入6的
　　液體和小牛基本高湯，用粗鹽和粗粒黑胡椒調味，蓋上鍋蓋，
　　放入150℃的烤箱燉煮1個半小時～2小時。
11　待牛肉變軟後，從烤箱取出，放置使風味滲入其中。
12　先取出牛肉，過濾出煮汁並煮至沸騰。撈除浮渣後，邊添
　　加百里香（用量外）的香氣，邊加入奶油提香並增添滑順度
　　（monter），加入胡椒。
13　在端上桌的鍋中，混合交替地放入牛肉和配菜。
14　過濾12的湯汁加入鍋中，蓋上鍋蓋，用小火溫熱。搭配以清澄
　　奶油煎過的心型脆麵包，放上巴西利裝飾，上菜。

香煎蛙腿肉佐大蒜鮮奶油和綠醬汁
Cuisses de grenouilles poêlées,
à la crème d'ail et au jus vert

特產的蛙肉以奶油香煎，

搭配顏色、風味令人驚艷的香草醬汁和大蒜鮮奶油，

是現代法式料理界最具代表的主廚，貝爾納魯瓦佐（Bernard Loiseau）先生的獨創。

目前己經成為勃艮第料理的新經典。

蛙腿肉　16隻	**大蒜鮮奶油**
麵粉	大蒜　20～25瓣
奶油	鮮奶油　100cc
鹽、胡椒　各適量	鹽、岩鹽、胡椒　各適量

綠色醬汁	**完成**
平葉巴西利　50g	羅勒
羅勒　20g	香葉芹　各適量
香葉芹　20g	
奶油	
鹽、岩鹽、胡椒　各適量	

1 處理過的蛙腿肉（P235）薄薄地撒上麵粉備用，香煎（poêlé）前才撒上鹽。

2 用中火加熱平底鍋中的奶油，加熱至產生氣泡時，放入蛙腿肉以meunière法（邊加熱邊將鍋中熱奶油澆淋在蛙腿肉上）烹調，使其能充分沾裹奶油地呈現香煎色澤。

3 待呈金黃色後，取出。擺放在廚房紙巾上，拭去多餘的油脂，撒上胡椒。

4 製作綠色醬汁。僅預備平葉巴西利、羅勒、香葉芹的綠葉部分。為了能保持漂亮的顏色，準備好浸泡用的冰水備用。

5 鍋中熱水煮沸後，放入岩鹽（1L水使用27g鹽），相當於海水的濃度。將4的香草類瀝乾水分放入熱水中汆燙。

6 當香草葉變軟後，以濾網撈起，立即用冰水冷卻。在水中浸泡過久會流失風味，所以必須迅速地進行。

7 瀝乾香草類的水分，輕輕擠乾後放入果汁機。少量逐次地加入煮汁，將其攪打成糊狀。用鹽和胡椒調味。

8 在小鍋中煮沸20cc的熱水（用量外）。離火後，加入80g的奶油，充分攪拌使其乳化。

9 加入7的糊狀香草，避免顏色流失地迅速混拌（煮沸、蓋上鍋蓋等都會造成顏色的衰退，必須注意）。用胡椒調整風味。

10 製作大蒜鮮奶油。首先大蒜帶皮放入沸水燙煮2分鐘以消除苦味。保留外皮可以保持風味。

11 大蒜去皮，對半切開。仔細地除芽，水中加入岩鹽，燙煮至變軟為止。

12 用網篩撈出，置於流動的冷水中迅速冷卻，瀝乾水分後放入果汁機。連同少量的煮汁一起攪打。

13 在小鍋中略為熬煮過的鮮奶油少量逐次地加入12當中，攪打成柔軟的乳霜狀。

14 撒入鹽和胡椒，繼續攪打至呈現平滑柔順的成品。

完成

將香煎蛙腿肉盛盤，倒入大蒜鮮奶油和綠色醬汁。以香葉芹裝飾。

勃艮第風味蝸牛
Escargot à la bourguignonne

勃艮第飼育的蝸牛，搭配以大蒜、平葉巴西利混拌的奶油，
放入數個凹槽的專用容器 "escargotière"，以烤箱烘烤。
同時能品嚐到獨特Q彈風味的蝸牛，和芳香香草奶油的料理。

〔解說→P130〕

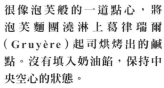

鹹乳酪泡芙
Gougère

很像泡芙般的一道點心，將泡芙麵團澆淋上葛律瑞爾（Gruyère）起司烘烤出的鹹點。沒有填入奶油餡，保持中央空心的狀態。
是勃艮第在酒窖進行品酒會時經常提供的點心。

〔解說→P131〕

紅酒水波蛋
Œufs en meurette

用紅葡萄酒醬汁製作水波蛋，再佐以亮面煮洋蔥的料理。
本來是在享用"紅酒燉牛肉 Boeuf bourguignon"的次日，為利用殘餘的醬汁而發想出來的菜餚，現在已經成為獨立的經典料理了。

〔解說→P131〕

勃艮第風味蝸牛

材料（4人分）

蝸牛　24個
奶油　10g
紅蔥頭　1個
渣釀白蘭地（Marc de Bourgogne）　1大匙

蝸牛奶油
奶油　490g
紅蔥頭　15g
大蒜　35g
平葉巴西利　60g
香葉芹　20g
鹽　15g
胡椒　3g
檸檬　1/2個

1 在平底鍋放入10g奶油加熱，拌炒蝸牛。待充分加熱後，放入紅蔥頭，淋入渣釀白蘭地，移至方型淺盤上冷卻。

2 製作蝸牛奶油。奶油預先置於室溫軟化，使其成為膏狀。將蝸牛奶油的全部材料放入攪拌機內攪打。保存於室溫下備用。

3 在蝸牛專用盤內各別填入少量的蝸牛奶油。各別放入1個蝸牛，再以蝸牛奶油按壓般地填滿凹槽。

4 放入180℃的烤箱中烘烤10分鐘，趁熱享用。

鹹乳酪泡芙

材料（方便製作的分量）

泡芙麵團

- 牛奶　250g
- 奶油　100g
- 麵粉　150g
- 鹽、胡椒、肉荳蔻　各適量
- 全蛋　4個

葛律瑞爾（Gruyère）起司（磨削成粉）　50g

蛋液　1個

1 製作泡芙麵團。奶油切成方塊，將除了麵粉和全蛋之外的材料混合放入鍋中，加熱。

2 待奶油溶化沸騰後，熄火。加入完成過篩的麵粉全量，用力混拌，再次開火加熱使水分略揮發。

3 晃動鍋子，待麵團混合成團後，移至缽盆中，少量逐次地加入打散的雞蛋攪拌至均勻。

4 將3絞擠在不沾的烤盤上，表面刷塗蛋液。撒上葛律瑞爾起司粉。

5 放入180℃的烤箱烘烤15～20分鐘。

鹹乳酪泡芙中填裝的莫內醬（sauce Mornay）

烤得噴香的鹹乳酪泡芙中，
填裝起司風味濃郁的莫內醬，
能同時享受到不同的美妙風味。

材料（方便製作的分量）

莫內醬

- 奶油　60g
- 麵粉　60g
- 牛奶　400g
- 蛋黃　2個

葛律瑞爾（Gruyère）起司（磨削成粉）　80g

1 製作莫內醬。在鍋中融化奶油，加入完成過篩的麵粉混拌。邊以木杓用力攪打混拌邊用中火加熱至咕嚕咕嚕地沸騰為止。

2 先離火，邊攪拌邊少量逐次地加入牛奶，使其融合。再次開火加熱，邊攪拌邊加熱至產生濃稠沸騰。用鹽和胡椒調味。

3 加入攪散的蛋黃，再次加熱至略略沸騰。最後加入葛律瑞爾起司，完成醬汁的製作。

4 完成烘烤的鹹乳酪泡芙放涼後，在底部刺出小孔洞。將略略放涼的莫內醬填入裝有小型擠花嘴的絞擠袋內，填裝至鹹乳酪泡芙中。

紅酒水波蛋

材料（6人分）

全蛋　8個
紅酒醋　少許
紅葡萄酒　適量

醬汁

奶油　60g
紅蔥頭　100g
紅葡萄酒　500cc
小牛基本高湯（→P224）　300cc
香草束（→P227）　1束
鹽、胡椒　各適量

配菜

培根　150g
洋菇（小）　150g
奶油　80g
小洋蔥　24個
沙拉油　適量
水、鹽、奶油　各適量
砂糖　1小撮
脆麵包（Crouton）
- 吐司麵包（片狀）　8片
- 清澄奶油、平葉巴西利（切碎）　各適量

1 製作醬汁。在鍋中加熱半量奶油，放入切碎的紅蔥頭，拌炒至紅蔥頭呈透明狀態為止。

2 倒入紅葡萄酒，用中火熬煮至濃縮成1/3量，加入小牛基本高湯和香草束。再繼續熬煮至湯汁濃縮成半量，用鹽、胡椒調味。

3 如有必要時，可加入麵粉油糊（beurre manié）增加濃稠度，離火，以圓錐形濾網過濾。其餘的奶油切成方塊加入，輕輕地攪拌。

4 製作配菜。洋菇用放有沙拉油和奶油的平底鍋拌炒至上色。

5 培根切成棒狀，先燙煮後瀝乾水分，放入倒有沙拉油和奶油的平底鍋拌炒至上色。

6 小洋蔥連同水、鹽、砂糖和奶油一起放入鍋中，蓋上落蓋約加熱15分鐘。洋蔥受熱後，掀開落蓋，使水分揮發，使其焦糖化。

完成

在鍋中放入紅葡萄酒和紅酒醋，煮至沸騰，加入雞蛋煮至半熟。將雞蛋盛入器皿中，佐以配菜，澆淋上醬汁。吐司麵包用清澄奶油煎成脆麵包（Crouton）一端沾附著平葉巴西利碎盛盤。

阿爾薩斯-洛林

DATA

梅斯（Metz）　史特拉斯堡（Strasbourg）

科爾馬（Colmar）

地理	法國東北部，與德國、瑞士等國境相接的內陸地方。東邊有萊茵河（Rhin）流經，在阿爾薩斯與洛林的邊境，則有孚日山脈（Massif des Vosges）相連。
主要都市	阿爾薩斯有史特拉斯堡、洛林有梅斯。
氣候	大陸性氣候，冷熱溫差劇烈，冬天非常嚴寒。東部降雨量少。
其他	洛林是聖女貞德（Jeanne d'Arc）的出生地。以巴卡拉（Baccarat）水晶的發祥地而聞名。

經典料理

Baekenofe
白酒燉煮肉、調味蔬菜和馬鈴薯

Matelote alsacienne
阿爾薩斯葡萄酒燉煮兔肉、黑斑狗魚（Esox reichertii）

Salmis d'oie
燉煮鵝肉。烘烤後與調味蔬菜一起燉煮

Lapin en gelée de mirabelles
添加黃香李的兔肉凍

Salade de pissenlits aux lardons frits
蒲公英葉和香脆培根的沙拉

Matelote de truites au Pinot Noir
用黑皮諾（葡萄酒）燉煮鱒魚

Paté Lorrain
派皮包覆豬背肉和小牛腿肉

位於法國東北部內陸的阿爾薩斯和洛林，是夾著孚日山脈相比鄰的地方。阿爾薩斯有玫瑰色的大教堂，及歐洲會議本部的史特拉斯堡（Strasbourg）、木造房屋成列的科爾馬（Colmar）。而洛林則有首府梅斯和新藝術運動（Art nouveau）的藝術家艾米里・加利（Émile Gallé）的出生地南錫（Nancy）等大城。

無論是山脈東邊的阿爾薩斯、西邊的洛林，都與德國國界相隣，這樣的地理環境下，近年來出現了幾次國土的紛爭。然後，洛林和阿爾薩斯各別在1919年和1944年，成為法國的領土，但這兩個地方仍受到隣國，特別是可見到德國的強力影響。不僅是在語言、藝術，即使在飲食上也是，像是鹽漬發酵的高麗菜"Choucroute"就是德國的"Sauerkraut"，豬肉、火腿、香腸等肉類加工食品，還有經常食用馬鈴薯、鹹塔餅等，都是和德國共通之處。當然，經常飲用啤酒也是。

那麼，關於物產方面，阿爾薩斯的高麗菜、蕪菁、甜菜，還有萊茵河可捕獲的河魚、孚日山麓可捕獲採集的野味、蕈菇、核桃等都很有名。另外，以帶著紅色的玉蜀黍飼育的肥鵝肝，也是名產。

幾乎位於阿爾薩斯中央的科馬爾，沿著運河林立的彩色木造房屋，是被稱為"小威尼斯"的歷史地區。

洛林的名產水果，黃香李糖漬或製作成塔餅都非常好吃。主要產地是梅斯，每年8月會開始進行許多黃香李的節慶活動。

史特拉斯堡近郊孚日山脈的山系，聖奧迪爾山上（Mont. St.Odile）所建的修道院。祭拜著守護阿爾薩斯的聖女（Odile）。

蜜李 Quetsche
歐洲李。有紫色表皮和黃色果肉，呈橢圓形，味甜、香氣足。用於糕點和蒸餾酒。

醋栗 Groseille
小株的酸甜小果實，顏色有紅、白兩種。紅色或白色果實用葡萄液體使其發酵釀造的發酵酒Ambroseille或果醬，是洛林地方巴勒迪克（Bar-le-Duc）的名產。

高麗菜 Chou blanc à choucroute
淡綠色硬的結球高麗菜。葉片厚且硬，適合分切後烹調。酸菜（Choucroute）用的是白色的高麗菜。

史特拉斯堡香腸 Saucisse de Strasbourg
填裝豬、牛絞肉的香腸蒸煮後，染成紅色製成，發源自阿爾薩斯地方史特拉斯堡的香腸。長10cm、直徑2～2.5cm。

阿爾薩斯鵝 Oie d'Alsace
交配種，因採強制灌食飼育，所以可以產生更大的肥肝。阿爾薩斯是肥鵝肝的重要產地。

孚日產的蜂蜜 Miel des Vosges（A.O.C.）
在法國，是唯一擁有A.O.C.的蜂蜜。由浮日山岳的縱樹取得，具強烈的香氣。

● **起司**

方形牛乳起司 Carré de l'Est
以殺菌牛奶製作的柔軟、高鹽分的四角形起司。無加壓、無加熱。洗浸雖是主流，但也有白黴類起司。

莫恩斯特 / 傑羅姆 Munster / Géromé（A.O.C.）
不加壓也不加熱完成製作的牛奶軟質起司，1978年取得A.O.C.。非常栗和的風味，也有添加核桃的產品。在阿爾薩斯稱為莫恩斯特Munster、在洛林則稱為傑羅姆Géromé。

● **酒 / 葡萄酒**

阿爾薩斯生產很多優質的白葡萄酒。大多是單一品種釀造的，所以商標上會記載品種名稱。

都勒丘 Côtes de Toul［洛林］（A.O.C.）
默爾特-摩塞爾省（Meurthe-et-Moselle）的8個市鎮村所生產的葡萄酒。有紅、白、粉紅。在1951年取得V.D.Q.S.（優良地區葡萄酒）、1998年取得A.O.C.。

啤酒 Bières
在阿爾薩斯，從十五世紀就開始盛行啤酒的釀造。利用下層發酵法（酵母沈澱發酵法）來釀造，淡色的"Brasseries Kronenbourg"特別著名。

洛林則是有蒲公英葉、馬鈴薯、同樣在山麓可以採收到蕈菇、榛果、樅樹蜂蜜等名產，豬隻和小牛等家畜的飼育也十分盛行。此外，還有礦泉水的水源地維泰勒（Vittel）、同地區的河川可捕獲的虹鱒、青蛙也很有名。除此之外，氣候方面，因阿爾薩斯乾燥、洛林多雨的差異，兩地都有梨、櫻桃等水果的栽植，特別是稱為黃香李（mirabelle）的黃色李子，是洛林非常有名的產品。

關於釀製葡萄酒的葡萄栽種，在乾燥且日照良好的阿爾薩斯山脈，相當盛行。阿爾薩斯有相當多優質的白酒，使用牛、豬、羊肉類搭配馬鈴薯、洋蔥燉煮的料理「Baeckeoffe」，就使用了大量白葡萄酒。值得一提的是，當地葡萄酒的特徵，幾乎都是使用單一葡萄釀造的。"麗絲玲Riesling"、"格烏茲塔明那Gewürztraminer"等名稱，指的都是葡萄的品種。

另一方面，洛林的葡萄酒比較少，但卻有相當多受到全法國歡迎盛行的糕點，瑪德蓮、馬卡龍、芭芭等。這是因為十八世紀的領主波蘭出身的斯坦尼斯瓦夫·萊什琴斯基（Stanisław Leszczyński）是位美食家，洛林毫不遜色，是個充滿美食魅力的地方。

孚日（Massif des Vosges）山系標高第三1363m的翁內克山（Hohneck）是阿爾薩斯和洛林的主要分界線，周邊也有滑雪勝地。

販賣著樸質並且脆口，南錫特有馬卡龍的糕餅店「Maison des soeurs macarons」，中世紀開始傳承自修道院製作方法的店家。

流經洛林首府梅斯的莫澤河（Moselle）上，有羅馬式建築的新教（Protestantism）教會。建於二十世紀初，德國統治時。

酸菜豬肉香腸鍋
Choucroute alsacienne

久煮的豬肉或香腸搭配高麗菜的燉煮，
簡單且多層次的風味，是阿爾薩斯的傳統料理。
雖然使用的是鹽漬發酵過的高麗菜，
但也稱作Choucroute，與德國酸菜（Sauerkraut）是一樣的。

〔解說→P136〕

麗絲玲風味的蛙腿慕斯
Mousse de grenouille au riesling

蛙腿肉泥與鮮奶油、蛋白混合後蒸烤，
佐以用蛙骨和當地名產白葡萄酒 "麗絲玲Riesling" 製成的醬汁。
滑順且味道柔和的蛙肉慕斯，
與優雅芳香的麗絲玲醬汁，共譜出和諧的美味。

〔解說→P138〕

酸菜豬肉香腸鍋

材料（8人分）

豬肉（豬背肉、肩五花肉、豬頸肉等）　1kg
培根　500g
豬腱肉（水煮豬腳Eisbein。市售）　4隻
豬皮　250g
紅蘿蔔　1根
洋蔥　1個
丁香　1個
韭蔥　1根
香草束（→P227）　1束
粗鹽、白胡椒　各適量

鹽漬發酵高麗菜（Choucroute）　1.2kg
豬脂　120g
洋蔥（薄片）　1個
紅蘿蔔（薄片）　1根
香草束（→P227）　1束
豬皮　100g
杜松子（genièvre）　20g
白葡萄酒（麗絲玲Riesling）　300cc
雞基本高湯（→P224）　600cc
鹽、胡椒　各適量

煙燻香腸　4條
史特拉斯堡香腸（Saucisse de Strasbourg）　8條
馬鈴薯　1.2kg
平葉巴西利（切碎）
黃芥末醬　各適量

1　預備燉煮用的調味蔬菜。韭蔥的綠色部分切劃開之後，充分洗淨，以綿線縛綁。將丁香刺入洋蔥當中。

2　豬肉（此次使用豬頸肉和肩里脊肉）和培根，各別分切成大型塊狀。

3　用中火加熱放有豬脂的平底鍋，將2的表面煎成金黃色。也有未經過煎直接烹煮的作法，但煎後會更具香氣。

4　在直筒圓鍋中放入1和3、紅蘿蔔、香草束、豬腱肉、豬皮，加入足以淹覆的水分（用量外），用大火加熱。

5　加入粗鹽，煮至沸騰時仔細撈除浮渣。撒入白胡椒粒，改以小火確實燉煮。

6　過程中，當水分減少時要適度地添加，避免肉類乾燥地確實保持水分淹覆食材的狀態。燉煮2～3小時。

7　肉類燉煮結束的狀態。試著用刀了戳刺，可以毫無阻力輕易地刺穿時，就是已經完成燉煮的判斷方法。

8　熄火，取出肉類排放在方型淺盤上。上方覆蓋保鮮膜，保存在溫熱的場所。

9　由燉煮湯汁中取出豬皮和調味蔬菜，用圓錐形濾網過濾。過濾出來的湯汁放入深鍋中。

10　加熱9的深鍋，放入史特拉斯堡香腸燙煮。經數分鐘溫熱後取出。

11　在較深的鍋中融化豬脂，放入紅蘿蔔和洋蔥的薄片，用中～小火拌炒至食材變軟。

12　加入豬皮、香草束、敲碎的杜松子混拌。蓋上鍋蓋，加熱至蔬菜變軟。

13　用水清洗並擰乾水分的鹽漬發酵高麗菜，加入鍋中。倒入白葡萄酒和雞基本高湯。

14　撒入鹽和胡椒，蓋上鍋蓋，放入140℃的烤箱中加熱1小時～1個半小時。將12的燉煮豬皮切碎後混拌至鹽漬發酵高麗菜中，其上再擺放8的肉類和煙燻香腸一起溫熱。

完成

削去外皮切成梭型的馬鈴薯，用加鹽（用量外）的冷水煮熟。肉類或香腸切方便食用的大小，盛放在舖有鹽漬發酵高麗菜的盤中。擺放上兩端沾有平葉巴西利碎的水煮馬鈴薯，黃芥末醬則以其他容器盛裝。

麗絲玲風味的蛙腿慕斯

材料（8人分）

慕斯

蛙腿肉　100g
新鮮干貝　100g
鱸魚（魚片）　100g
蛋白　2個
鮮奶油　200cc
鹽、胡椒　各適量

麗絲玲醬汁

蛙骨　適量
雞翅　100g
紅蔥頭　1個
洋菇　50g
麗絲玲白葡萄酒（Riesling）　200cc
魚鮮高湯（→P225）　200cc
鮮奶油　150cc
沙拉油
奶油　各適量

菠菜　100g
奶油
鹽、胡椒　各適量

完成

裝飾用洋菇（→P251）　適量

1 在食物調理機中放入處理過的蛙腿肉（P235）、新鮮干貝、鱸魚片，略為攪打。

2 加進蛋白，攪打至全體融合。

3 加入少許鮮奶油。

4 待成為均勻狀態後，取出過濾。

5 放入墊放冰水的缽盆中冷卻，加入其餘的鮮奶油製作成口感滑順的慕斯。用鹽和胡椒調整風味。

6 菠菜用鹽水汆燙後以冰水冷卻，一片片地將其攤放在廚房紙巾上，確實除去水分。

7 在內側刷塗奶油的瓷盅內舖放6的菠菜。使其長於瓷盅1/3～1/2。

8 確實地裝填慕斯至瓷盅內，輕輕在工作檯上敲叩，以排出空氣。用長於瓷盅的菠菜覆蓋表面。

9 放在舖有廚房紙巾的方型淺盤上，放入140～150℃的烤箱中，方型淺盤內加熱水以隔水加熱的方式蒸烤約15分鐘。

10 製作麗絲玲醬汁。在鍋中加熱沙拉油和奶油，放入切塊的蛙骨和雞翅拌炒。

11 待上色後，加入切成適當大小的紅蔥頭和切片的洋菇，繼續拌炒。

12 待洋菇軟化後，加入白葡萄酒和魚基本高湯熬煮。

13 待美味凝聚濃縮開始產生稠度後，以圓錐形濾網過濾。

14 添加鮮奶油，熬煮至能沾裹在湯匙背面的濃稠程度。用鹽和胡椒調味。

完成

在器皿中倒入麗絲玲醬汁，盛放切成適當大小的蛙肉慕斯和裝飾用的洋菇。依個人喜好地佐以香煎蛙腿肉。

洛林鹹派
Quiche Lorraine

用酥脆麵團製成的塔底，舖放當地特產的培根，
倒入以雞蛋和鮮奶油為基底的蛋奶餡，放入烤箱烘烤。
所謂的Quiche，在德文是語源於蛋糕意思的 "Kuchen"，
從麵團和加工肉類的使用方法，就能看到德國的影子，
也是洛林當地才有的料理。

酥脆麵團（Pâte brisée）（→P243）

蛋奶餡
全蛋　2個
蛋黃　1個
鮮奶油　250cc
鹽、胡椒、肉荳蔻　各適量

配菜
培根　180g
葛律瑞爾起司（刨成細碎狀）　100g
奶油　適量

1　在大理石工作檯撒上手粉（用量外），擀壓酥脆麵團。不斷改變前後左右的方向，將整體均勻地擀壓成2～3mm的厚度。

2　切成較塔餅模型（直徑20cm的模型）略大的麵團，舖放在模型中。以手指按壓模型底部邊角，使麵團沒有浮起地貼合模型。

3　在上端作出約1cm的邊緣。用擀麵棍在模型表面擀壓切除多餘的麵團。抓捏使邊緣的麵團直立貼合。

4　用叉子在底部戳刺出排放蒸氣的孔洞，邊緣的麵團以派皮夾夾出花邊。靜置於冷藏室。

5　待麵團冷卻成緊實狀態後，避免產生皺摺地將烤盤紙舖放至塔底，並擺放重石，放入160℃的烤箱，未填餡空烤15～20分鐘。

6　烘烤完成後，用蛋黃（用量外）刷塗，再放入烤箱1分鐘烘乾。利用這層表面薄膜，防止蛋奶餡的水分滲入麵團當中。

7　製作蛋奶餡。全蛋、蛋黃均勻地打散混拌，邊混拌邊加入鮮奶油。

8　加入鹽、胡椒、磨成粉的肉荳蔻。

9　充分混拌後，用網篩過濾，製作出口感滑順的蛋奶餡。

10　切除培根邊緣較硬的部分，以肉和脂肪能均勻呈現的方向切成棒狀。約是5mm的方塊x長3～4cm。

11　在平底鍋中加熱奶油，用中火拌炒培根。待呈現金黃色後取出，丟棄多餘的脂肪。

12　在空烤後的酥脆餅皮底部，均勻散放培根和一半用量的葛律瑞爾起司。

13　將蛋奶餡倒入塔內至8分滿的程度。

14　在表面撒上其餘的葛律瑞爾起司，用160℃的烤箱烘烤約20分鐘。

阿爾薩斯火焰薄餅（Tarte flambée）
Flammenkuche

薄薄的麵團上，擺放洋蔥、培根、鮮奶油烘烤而成的料理。
雖然很像比薩，但沒有使用起司是相異之處。
又稱為「**Tarte flambée**」，直譯就是"燄燒的塔"，
據說原本是在加熱麵包烤窯時，將殘餘的麵團置於其中所製成的。

麵團

新鮮酵母　25g
溫水（約25℃）　190g
麵粉　300g
鹽　2g

配菜

培根　250g
洋蔥　1個
法式酸奶油＊（Crème fraîche épaisse）　250g
鹽、胡椒　各適量

＊乳酸發酵的鮮奶油。相較於酸奶油（sour cream），
酸味較為柔和。

1　製作麵團。將新鮮酵母放入溫水中使其溶解。

2　麵粉和鹽過篩在工作檯上，使中央形成凹槽，並倒入1。少量逐
　　次地混合揉和至呈光滑狀態。

3　滾圓後用保鮮膜包覆，靜置於冷藏室1個半小時。

4　製作配菜。培根去皮，切成棒狀。

5　洋蔥切成薄片。

6　麵團薄薄地擀壓後，使邊緣略向內側捲起，放置發酵約15分鐘。

7　散放上培根和洋蔥，再撒上鹽、胡椒。放入230℃的烤箱烘烤
　　10～15分鐘。取出後澆淋法式酸奶油，再放回烘烤至表面嗞吱嗞
　　吱的滾燙為止。

LIMOUSIN ET AUVERGNE

利穆贊、奧弗涅

DATA

克勒蒙費朗
（Clermont-Ferrand）

利摩日
（Limoges）

勒皮昂韋萊
（Le Puy en Velay）

地理　　擁有法國中南部的中央高地。東邊火山多因
　　　　此有溫泉，也有較多水源。西部是多森林、
　　　　湖泊的田園、牧草地帶。
主要都市　利穆贊有利摩日（Limoges）、奧弗涅有克勒
　　　　蒙費朗（Clermont-Ferrand）。
氣候　　大陸性氣候，晝夜溫差大，冬天非常寒冷。
其他　　奧弗涅的南部勒皮昂韋萊（Le Puy en Velay）
　　　　周邊很盛行蕾絲的編織。

經典料理

Œufs à la cantalienne
用雞蛋、貝夏美醬汁、康塔（Cantal）起司製作的焗烤

Gigot brayaude
白酒燉煮羊腿肉佐馬鈴薯

Pounti
肉類、香草、乾燥洋李的凍派

Tripoux auvergnats
小牛或小羊的胃袋中填裝內餡，小包袱形狀的料理

Bréjaude
以利穆贊砂鍋燉煮培根與蔬菜

Omelette brayaude
加入火腿和馬鈴薯的歐姆蛋

Soupe au chou
高麗菜、洋蔥、馬鈴薯、培根的湯品

利穆贊、奧弗涅大區位於法國中央的內陸地方。其中利穆贊與佩里戈爾、普瓦圖交相的西側，是以搪瓷工藝和使用白瓷的利摩日瓷器（Porcelaine de Limoges）而著名的首府利摩日（Limoges）。東側則是奧弗涅的首府克勒蒙費朗（Clermont-Ferrand）。在此以十九世紀創業的米其林（Michelin）輪胎總公司而聞名，該公司為提供顧客行車資訊而製作的導遊書，就是後來成為全世界皆知的米其林指南。

克勒蒙費朗（Clermont-Ferrand）又有「黑街」的別名。這是因為存留下的老房舍和教會，使用的都是附近切割出的黑色熔岩所建造，所以奧弗涅其實是幾個火山所形成的土地。現在雖然全都是休火山，但地形上有著圓錐形的山形連綿、險峻的溪谷、溫泉，礦泉水湧出的水源，是法國著名的山岳地帶。

也因此氣候嚴苛、土地貧瘠，雖然有蕈菇、野味、河魚等山地物產，但農業卻不興盛。有南部勒皮（Puy）產的扁豆、高麗菜、大蒜、藍莓、栗子等特產，但都是搭配用食材而非主要農作物，在山地則有飼育牛、羊、豬等畜產品。燉肉鍋（pot-au-feu）之一，稱為「Mourtayrol」或「potée」的傳統料理，無論哪一種都用了肉類、內臟類和

緩坡、丘陵廣闊的利穆贊牧草地帶，常可見到吃著牧草的茶色牛隻。以紅肉多優質肉類聞名的利穆贊牛。

位於克勒蒙費朗（Clermont-Ferrand）東南方昂貝爾（Ambert）的市區。從2000年前就開始了藍紋起司 "Fourme d'Ambert" 的生產了。

奧弗涅火山自然公園內的水源地，可以從建在沃勒維克（Volvic）的Château de Tournoël，看到沿阿列河（Allier）的Limagne盆地和montagnes du Soir山脈。

產出豐富的肉類加工食品（charcuterie）。這樣的地區，當然在起司製作上也有相當的發展，以法國最古老起司著稱的康塔（Cantal）、藍紋起司的昂貝圓柱起司（Fourme d'Ambert）等，多種起司都十分聞名。料理方面，基本上多是令人感覺沈穩質樸的食材，因此肉類和起司類常被使用。

相對於此，利穆贊的山地比較沒那麼險峻，擁有較多森林和湖泊的美麗田園。氣候也是溫暖適於農業發展，所以發源於該地區的糕點，克拉芙緹（Clafoutis）中使用的黑櫻桃、水果的栽植較多。此外，雖然沒有很多種起司，但畜產豐富，利穆贊品種的牛肉就是知名特產，也有許多肉類加工食品（charcuterie）的生產。而且與奧弗涅大區的共通點，是添加了栗子的豬血腸（boudin），非常有名。其他還有，因靠近佩里戈爾，所以松露等蕈菇、野兔等野味也相當豐富。

關於葡萄酒，兩個地方都不多，僅生產當地飲用的數量。但利穆贊周邊以橡木製作的酒桶，是釀造優質葡萄酒時很受好評的重要工具，所以這個地區對喜好葡萄酒的人而言並不陌生。

勒皮產的扁豆 Lentille vertes du Puy（A.O.C.）
在奧弗涅，多火山灰的勒皮地區所栽植的扁豆。風味纖細，帶著略微的甜味。極淡的綠皮，很容易煮熟，在料理界的評價相當高。

杏桃 Abricot
在克勒蒙費朗（Clermont-Ferrand）及其西北的里永（Riom）栽植。奧弗涅的糕點糖果專賣店（Confiserie）著名的水果軟糖（Pâtes de fruits）經常使用杏桃。

阿列的鮭魚 Saumon de l'Allier
產於奧弗涅大區中央呈南北走向的阿列河（Allier），經羅亞爾河游向大西洋，之後再沿阿列河回游。但因羅亞爾河建設水庫，最近數量減少了。

豬 Porc
奧弗涅大區的代表性家畜。從頭到腳都能被食用，也經常被加工製成肉類加工食品（charcuterie）。

薩萊爾產的牛 Vache de Salers
作為肉牛，同時也用於起司生產用的乳牛而飼育的牛隻。肉質有相當高的評價，風味美肉色鮮艷的霜降牛肉。

● 起司

康塔 Cantal（A.O.C.）
用牛奶製作的樸實風味起司。不加熱但進行2次加壓。在法國產的起司當中，是擁有最古老歷史的起司，據說是從2000年前就開始製作。

昂貝圓柱起司 Fourme d'Ambert（A.O.C.）
以牛的殺菌乳不加熱、不加壓地完成製作的藍紋起司。青黴呈坑霜降狀，口感滑順，風味也相對柔和。在1976年取得A.O.C.。

米羅起司 Murol
用牛的生乳或殺菌乳製作的半硬質環狀起司，加壓但不加熱。在二十世紀初，為使當地製作的聖內泰爾起司（Saint-nectaire）可以更快熟成地將中央部分挖除，而有了這個形狀。切下的中央部分，就以米羅起司之名上市。

● 酒／葡萄酒

聖-布桑 Saint-Pourçain
由奧弗涅大區阿列省19個市鎮村的葡萄園所生產的V.D.Q.S.（優良地區葡萄酒）。雖然白葡萄酒最有名，但也有生產紅、粉紅、灰（gris）（介於白與粉紅中間）等。

維萊檸檬馬鞭草酒 Verveine du Valay
用自古就作為藥草很受青睞的馬鞭草（馬鞭草葉）等，共32種香草加入白蘭地中萃取出的利口酒。木桶釀造。

利穆贊南部的科隆日拉魯許（Collonges-la-Rouge），正如其名全市的顏色都是紅色（Rouge）。這是因為所有的建築物都是以當地所產，紅色砂岩的紅磚所建造。

多爾多涅河（Dordogne）支流的威悉河（Weser）有個大灣曲折之處，就是利穆贊的於澤士（Uzerche）。有許多美麗的建築，被稱為"利穆贊的珍珠"。

流經南部康塔（Cantal）、科雷茲（Corrèze）附近，多爾多涅河（Dordogne）的美麗河谷，可以健行等享受自然，也會有許多候鳥飛來此地。

燉煮肉餡高麗菜
Chou farci braisé

豬絞肉、大蒜、洋蔥、麵包粉、雞蛋等混合製作內餡，
用汆燙過的高麗菜包覆，連同調味蔬菜一起燉煮（braisé）製作的料理。
為使其完成時能成為大的球狀，所以在整型時會使用布巾，
整型後仔細地以綿線縛綁，避免燉煮至散開地加熱完成。

〔解說→P148〕

油封煙燻香腸搭配香煎起司馬鈴薯片，佐芥末籽原汁
Saucisses fumées et confites, truffade de pomme de terre, un jus à la moutarde à l'ancienne

豬肉香腸煙燻後，放入低溫鵝油中油封。
佐以馬鈴薯和新鮮的鐸姆起司（tomme fraîche）製成的香煎起司馬鈴薯片"truffade"享用，
是一道經典且香氣十足的料理。
煙燻材料，在當地一般是使用櫸木片。

〔解說→P150〕

燉煮肉餡高麗菜

材料（6人分）

皺葉包心菜　1顆

內餡
- 豬里脊肉　250g
- 豬背肉　350g
- 大蒜　2瓣
- 洋蔥　1/2個
- 新鮮麵包粉　60g
- 牛奶　適量
- 鮮奶油　適量
- 全蛋　1個
- 蛋黃　1個
- 平葉巴西利（切碎）　2大匙
- 馬德拉酒
- 奶油
- 鹽、胡椒　各適量

煮汁

紅蘿蔔　50g
洋蔥　50g
培根　100g
大蒜　1瓣
百里香　1枝
小牛基本高湯（→P224）　500cc
奶油
鹽、胡椒　各適量

配菜

根莖類蔬菜裝飾（→P252）

148

1 仔細地剝下皺葉包心菜的每片葉片，用加入大量鹽的熱水汆燙。待葉片變軟後取出，放入冰水，瀝乾水分後切除硬芯。

2 製作內餡。用奶油拌炒大蒜和切碎的洋蔥至出水（suer），攤放在方型淺盤上冷卻。

3 在新鮮麵包粉中加入相同比例的牛奶和鮮奶油至新鮮麵包粉變柔軟。混拌全蛋和蛋黃，至完全融合。

4 用料理機將豬里脊肉和豬背肉打成絞肉，與切碎的平葉巴西利混合，加入2、3、鹽和胡椒。仔細混拌後加入馬德拉酒。

5 充分混合後，取少量以鋁箔紙包覆後烤熟試吃，再以適當的鹽和胡椒調味。

6 將皺葉包心菜攤放在濡濕後擰乾的布巾上，擺放上內餡。最底層的皺葉包心菜葉片，在整型後會成為最頂層的表面，所以請選擇顏色最佳的葉片使用。

7 疊放成三層，其間都夾以皺葉包心菜地疊放。

8 第三層的內餡疊放後，在表面也放上葉片包覆。包覆時為避免內餡溢出，必要時可以增加周圍疊放的葉片。

9 將布巾的四角提舉束起，確實絞擠出多餘水分。

10 拆除布巾，將形狀整合成圓形，以綿線縛綁成放射線狀。

11 在鍋中融化奶油，放入切成適當大小的培根和1cm大骰子狀的紅蘿蔔、洋蔥。加入百里香和壓碎的大蒜，淋入馬德拉酒（用量外）。

12 放入10，由側邊倒入小牛基本高湯，表面放入一塊奶油。在表面上澆淋煮汁，蓋上鍋蓋，放入160℃的烤箱。

13 用金屬叉刺入10，當金屬全體變熱時，即從鍋中取出。拆除綿線，由煮汁中取出培根，取出的培根也可以作為配菜一起盛放。

14 用圓錐型濾網過濾，熬煮至美味凝聚濃縮。待成為能略微沾裹湯匙時的濃度，加入鹽和胡椒調味，製作成醬汁。

完成

　　將肉餡高麗菜盛盤，倒入醬汁。搭配裝飾的根莖類蔬菜。

油封煙燻香腸搭配香煎起司馬鈴薯片，佐芥末籽原汁

材料（8人分）

香腸
├ 豬五花肉　400g
├ 豬里脊肉　160g
└ 豬脖頸肉　40g

香腸用調味料（方便製作的分量。相對於1kg的肉使用16g）
├ 鹽　9.6g
├ 肉豆蔻皮（mace）＊　1g
└ 白胡椒　2g

＊具甘甜香氣又略帶苦味的辛香料之一。是肉豆蔻
種籽的外皮乾燥而成，所以有著更細緻的風味。

豬腸　適量

櫻木片
鵝油　各適量
大蒜（帶皮）　1顆

芥末籽原汁
雞翅　200g
大蒜　1瓣
紅蔥頭　1個
百里香　1枝
白葡萄酒　50cc
雞基本高湯（→P224）　400cc
橄欖油　20cc
奶油　20g
芥末籽醬　40～50g
鹽、胡椒　各適量

香煎起司馬鈴薯片（→P249）　適量

1　豬五花肉、豬里脊肉、豬脖頸肉用攪肉機絞碎混合，量測重量並預備好香腸用調味料，與絞肉混合後充分揉和。

2　為避免脂肪集中，揉和3種絞肉使其均勻混拌。

3　將2裝入絞擠袋內，將用水浸泡過並洗掉鹽分的豬腸套在絞擠袋前端，進行填充。

4　每隔約15cm扭轉豬腸，扭轉處和頂端用綿線綁緊。以牙籤適當地刺出排氣孔。

5　將櫻木片放入鐵鍋中，用噴鎗燒炙至生煙。

6　避免沾到櫻木片，將香腸擺放在網架上，放入鍋中。

7　避免燻煙流竄，覆蓋上缽盆，加熱。因燻煙的髒污不易洗淨，可以在缽盆內先舖放鋁箔紙。點火、熄火地保持燻煙不斷地進行煙燻作業。

8　待表面均勻呈現黃褐色後，取出。煙燻時間大約是15～20分鐘。為避免溫度下降、保持燻煙流動的狀況，最初10分鐘內不要掀開缽盆蓋。

9　在鍋中加熱鵝油，待至85～90℃時，放入8的香腸。加入大蒜，保持相同溫度地加熱2小時至2個半小時。

10　製作芥末籽原汁。在加熱橄欖油和奶油的鍋中，放入切成大塊的雞翅拌炒至上色。

11　放入切成適當人小的大蒜、紅蔥頭和百里香，以中火拌炒至材料變軟。

12　用網篩撈起瀝乾油脂，再放回鍋中加入白葡萄酒，熬煮至酸味揮發。加入基本雞高湯，充分熬煮出雞肉的美味。

13　以圓錐形濾網過濾，略加熱煮後撈除浮渣。以奶油提香並增添滑順度（monter）。

14　再次以圓錐形濾網過濾，少量逐次地加入預備好的芥末籽醬。避免加熱至沸騰地溫熱。必要時添加鹽和胡椒調整風味。

完成

將分切後的香腸盛盤，搭配香煎起司馬鈴薯片，倒入芥末籽原汁。

勒皮產扁豆、豬鼻、豬腳、豬耳朵的沙拉
Salade de lentilles vertes du Puy, museau, pied et oreille de cochon

使用了大量扁豆、切碎的豬耳朵、豬鼻、豬腳的一道料理，
在微溫的狀態下食用，是當地具代表性的前菜。
不僅是口感，在風味上也是提味重點的豬肉，
仔細地燙煮消除腥味，同時也提引出美味的魅力。

材料（6人分）

豬耳朵　2片
豬鼻　1個
豬腳　1隻
調味蔬菜高湯（→P226）　適量

扁豆（勒皮產）　180g
雞基本高湯（→P224）　2L
紅蘿蔔（切半）　1根
洋蔥（切半）　1個
丁香（刺入洋蔥）　2個
香草束（→P227）　1束
細丁狀（brunoise）蔬菜（紅蘿蔔、洋蔥、西洋芹）　60g
奶油　30g
鹽、胡椒、白粒胡椒　各適量

油醋醬（→P228）　適量
紅蔥頭（切碎）
平葉巴西利（切碎）

完成
野苣（Mâche）　適量

1　預備豬耳朵．豬鼻、豬腳。豬鼻表面因有豬毛，用噴鎗燒炙除去。

2　燒炙後用乾布充分擦拭表面，拭去燒炙的豬毛和髒污。豬耳朵和豬腳也同樣以布巾拭去髒污。

3　進行豬耳朵、豬鼻、豬腳的預備汆燙，全部放入鍋中並加入大量的水（用量外），用大火使其沸騰。撈除浮渣後，用網篩瀝出食材，丟棄汆燙的熱水。

4　將汆燙後的豬耳朵、豬鼻、豬腳和鹽、胡椒一起放入調味蔬菜高湯中加熱，保持在維持略微沸騰的狀態並持續撈除浮渣。

5　待食材變軟後，取出豬耳朵、豬鼻、豬腳。豬鼻的表皮較硬，因此略降溫後，以刀子剔除。

6　將肉從豬耳軟骨處分切下來，待完全放涼後會不容易進行，所以必須先進行此作業。豬腳也同樣將骨頭剔除。

7　將各部位的肉都預備完成後，全部切成1cm左右的塊狀。

8　將扁豆、紅蘿蔔、洋蔥、香草束、雞基本高湯放入鍋中，以小火烹煮。

9　當豆子加熱至8分熟時，加入鹽。在煮至裂開前熄火，挑除蔬菜後，用網篩瀝出。

10　製作細丁狀（brunoise）蔬菜。西洋芹除去粗纖維後，切成5mm的塊狀。紅蘿蔔、洋蔥也同樣切法。

11　用小～中火加熱鍋中奶油，加入西洋芹、紅蘿蔔、洋蔥。拌炒至洋蔥出水（suer），但仍保持蔬菜的口感，加入鹽、胡椒調味。

12　重新溫熱豬耳朵、豬鼻、豬腳。混合扁豆與細丁狀蔬菜，加入酒醋醬和紅蔥頭、平葉巴西利混拌。

完成
盛盤，在周圍以野苣裝飾。

鹽漬豬肉
Petit Salé

所謂**Petit Salé**，本來是指鹽水醃漬豬肉的意思。該地使用這種鹽漬豬肉的料理很多，在此介紹的是將鹽漬豬肉和調味蔬菜一起燉煮的料理。

另外，傳統製法時不使用扁豆，但近年來使用扁豆的店家越來越多，現在也成為固定的搭配食材了。

起司馬鈴薯泥
Aligot

熱熱的馬鈴薯搗碎後加入鐸姆起司（**Tomme fraîche**）、蒜泥等混拌，用刮杓混拌至產生如麻糬般黏稠狀製作而成。雖然大多用作料理的搭配，但在當地是非常著名廣為熟知的菜色。

鹽漬豬肉

材料（4人分）

豬腱肉（水煮豬腳Eisbein。市售） 1隻
豬肩五花肉（鹽漬*） 800g
豬五花肉（鹽漬*） 800g
洋蔥 2個
大蒜 2瓣
紅蘿蔔 3根
韭蔥 2根
蕪菁 4個
馬鈴薯 8個
皺葉包心菜 1個
香草束（→P227） 1束
丁香 2個
黑胡椒粒 適量

配菜

扁豆 200g
奶油 適量
培根（Pancetta） 100g
洋蔥 1/2個
紅蘿蔔 1/2根
鹽漬豬肉的煮汁 適量
鹽、胡椒 各適量

1 豬腱肉對半切開、豬肩五花肉、豬五花肉各切成大塊，以綿線縛綁。

2 將1和刺入丁香的切半洋蔥、切半紅蘿蔔、大蒜、香草束放入深鍋中，倒入水（用量外）加熱。加入黑胡椒粒。

3 煮沸後撈除浮渣，放入分切成大塊，用綿線縛綁的韭蔥，以小火燉煮近3小時。

4 中途加入削皮對半切開的馬鈴薯、切成4等分的皺葉包心菜、削去外皮的蕪菁，煮至熟透。

5 製作配菜。在鍋中放入奶油加熱，拌炒切成棒狀的培根，拌炒至散發香氣。

6 加入切成小方塊的洋蔥、紅蘿蔔，以小～中火拌炒，待炒至食材變軟後，加入扁豆和足以淹蓋食材的鹽漬豬肉之煮汁，以小火煮至扁豆變軟為止，以胡椒調味。

完成

在深盤底部舖放配菜扁豆，再盛裝其他食材。

＊鹽漬豬肩五花肉和鹽漬豬五花肉的製作方法

鹽漬滷水（Saumure）：水5L、粗鹽 750g、砂糖 100g
（也可以放入百里香、月桂葉等）

1 水煮至沸騰後，溶入粗鹽、砂糖，完全冷卻。為使鹽漬滷水能充分滲入，先在肉塊上預先用刀子刺入幾個地方。

2 用鹽漬滷水將肉類浸泡2天。之後，放置半天～1天，用水略微洗去鹽分。

起司馬鈴薯泥

材料（8人分）

馬鈴薯 1.2kg
鐸姆起司（Tomme fraîchc） 600g
大蒜 2瓣
奶油 140g
鮮奶油（乳脂肪成分45%） 350cc
鹽 適量

1 馬鈴薯洗淨後充分擦拭，帶皮放在舖放粗鹽（用量外）的烤盤上，以160℃烤30～40分鐘。

2 當竹籤可以輕易刺入時，即可取出，趁熱去皮過濾。

3 在成為泥狀前放入切碎的大蒜、切塊的奶油、溫熱的鮮奶油和鹽。

4 隔水加熱，添加切成薄片的鐸姆起司，以木杓用力混拌。

5 充分混拌至產生稠黏絲狀後，盛盤。

里昂、布雷斯

布雷斯堡（Bourg-en-Bresse）

里昂（Lyonnais）

地理	位於法國東部，阿爾卑斯山脈與中央高地之間的地方。土地平緩，特別是東北部多沼澤。隆河（Rhône）及其支流索恩河（Saône）等流經此地。
主要都市	里昂有同名的里昂，布雷斯有布里斯堡。
氣候	相對溫暖。只是同時接收山脈的寒氣與地中海的暖風，天候稍稍不太穩定。
其他	里昂有每二年舉行的里昂國際餐飲酒店食品展（SIRHA），和世界盃甜點大賽（Coupe du Monde de la Pâtisserie）。

經典料理

Gratinée lyonnaise, soupe à l'oignon
加入大量刨削起司的大蒜焗湯

Poireaux vinaigrette
燙煮韭蔥的沙拉佐油醋醬

Saladier Lyonnais
羊腳肉和橄欖油漬鯡魚沙拉

Chapon de Bresse aux morilles et aux marrons
烘烤羊肚蕈和栗子填餡的布雷斯嫩雞

Sabodet
以豬頭肉（耳朵和鼻）為基底的香腸

Saucisson brioche
皮力歐許包捲司華力香腸（Cervelas）（加入松露和開心果的香腸）

Tripes à la lyonnaise
牛肚和洋蔥、紅蘿蔔、平葉巴西利一起燉煮

在法國中東部，屬於隆河-阿爾卑斯（Rhône-Alpes）地域圈的里昂，是僅次於巴黎的人都市，以里昂為中心的廣闊地域。而位於其北側，以優質家禽產地而聞名的沼澤地帶，就是布雷斯。

里昂在二十世紀初，因米其林指南的執筆者，最先將旅遊與美食結合的莫里斯•愛德蒙•薩揚（Maurice Edmond Sailland）（通稱肯農斯基（Curnonsky））將其稱之為"饗食之都"。正如其名，市區中星級餐廳到稱為"Bouchon"的平民小吃店林立，名不虛傳。

而在該地區的南部，因是隆河（Rhône）與索恩河（Saône）匯流，適合水運之處，所以從古代羅馬時期即交易繁盛。也因此在文藝復興時期，從此傳入了義大利的紡織技術，以絹織工業發展並繁榮，豐富的飲食文化也於此如花綻放。

提到當地特產，其實意外地少。當然有布雷斯地方嚴格品質管理，飼育出產優質的布雷斯雞；里昂附近也有豬隻等家畜的飼養；作為魚漿丸材料的河魚；拌炒成糖色用於各式料理的洋蔥等等，幾項優異的食材。但經常用於經典料理上的常用食材，卻都是隣近地方所生產。像是以

建築在里昂舊市區富維耶（Fourvière）山丘上的巴西利卡（Basilica）式教堂。十九世紀由市民捐獻而興建，同時也有收藏珍品的美術館。

每年十二月上旬，里昂會展開以教會為首的建築物、河岸至山丘等，超過200個地方以上，光之祭典的點燈。

以歐洲最大廣場而廣為人知，里昂中心的白萊果廣場（Place Bellecour）。中央仵立的是路易十四的騎馬像，附近有咖啡廳和旅客觀光服務中心。

紅肉聞名，夏洛來（Charolais）產的牛肉、經常用作魚漿丸醬汁，南迪亞醬汁中的螯蝦等等。其他地方集結而來的食材在此地大活躍。這點就與巴黎相同，也是大都市的特徵。

話雖如此，豬、家禽和以此製作的肉類加工食品（charcuterie）等，都是無庸置疑的里昂名產。肉類加工食品中，添加了松露、開心果的粗大香腸"司華力香腸Cervelas"、豬頭肉香腸"薩博代香腸Sabodet"、還有用豬皮、豬脂等煮出後剩餘的豬肉做成的"豬油渣Grattons"等，都十分著名，這些都是勞工們的點心"市場"中不可或缺，而且是自古以來一直傳承盛行的。另外內臟類也經常被烹調食用。

其他，葡萄酒有薄酒萊非常有名的品牌，還有起司的生產也多。關於起司的種類，新鮮度、硬度、牛奶製或是山羊奶製等，有各式各樣的類型，還有將殘餘的各種起司連同葡萄酒或渣釀葡萄酒，一起放入陶瓶中發酵製作出的獨特"藍紋起司"。在當地，像這樣具個性化的特產和其他地方產出的食材相互搭配的組合，更能製作出別具魅力的料理。

布雷斯產的雞 Volaille de Bresse（A.O.C.）
布雷斯家禽的高品質一直受到肯定，雞隻的肉質緊實、風味濃郁最為著稱，擁有A.O.C.的認證。同時也受「放養至少63天」、「羽毛以機械拔除粗羽，細毛則用人工仔細拔除」等，諸多規則的管制。

洋蔥 Oignon
里昂周邊大量栽植，也是里昂當地經常使用的蔬菜。即使在其他地方，只要是使用了切成薄片拌炒成糖色的洋蔥，就會以「里昂風味」來形容。

蒲公英葉 Pissenlit
里昂風味的沙拉，以至於一般沙拉、前菜的搭配都能使用。初春，摘取開花前的柔軟嫩葉。

葡萄園的桃子 Pêche de vigne
秋天採收的紅果肉桃子。在栽植紅葡萄酒用的葡萄園所種出的品種，又稱為「葡萄園的桃子」。

河鱸 Perche
類似鱸魚的小型白肉魚，棲息在多藻的河川湖泊。肉質緊實，味道鮮濃，多以meunière法（邊加熱邊將鍋中熱奶油澆淋在魚肉上）來烹調。

青蛙 Grenouille
此地的青蛙產量占法國總消費量的四分之三。湖沼地帶的東布地區（La Dombes）是主要的捕獲地。肉質清淡卻極富彈性，常以香煎（poêlé）食用。

● **起司**

里考塔山羊奶起司 Rigotte de Condrieu（A.O.C.）
在里昂西南，春～秋之間所生產的山羊奶起司。因無加壓所以柔軟滑順，但中間相對緊實。在2009年取得A.O.C.。

里昂之香起司 Arôme de Lyon
用牛奶或山羊奶製作，但山羊奶製的較稀少。柔軟且完成熟成的起司以Marc酒（葡萄渣釀白蘭地）浸漬完成，所以又稱為Arôme de Marc。

● **酒／葡萄酒**

薄酒萊 Beaujolais
里昂北部的薄酒萊（Beaujolais）地區釀造的葡萄酒，主力是紅酒。該地區以勃艮第最南的葡萄酒產地而為人所熟知，並跨越到里昂的北部。僅使用加美（Gamay）葡萄，不經熟成，直接品嚐其新鮮的風味。薄酒萊新酒（Beaujolais Nouveau）是在每年11月的第三個星期四開封的新酒。

隆河丘 Côtes du Rhône
在里昂南部，沿著隆河（Rhône）斜坡的廣闊葡萄園釀造。以羅地丘（Cote-Rotie）、恭得里奧（Condrieu）、格里萊酒莊（Château Grillet）為主要的品牌商標。紅、白葡萄酒都具高品質。

索恩河（Saône）西邊廣大的里昂舊市區。沿著層疊石頭小路，排列著色彩豐富民宅的歷史地區，在1999年登錄為世界遺產。

位於多沼澤的東布地區（La Dombes），存留歷史建築的小城市沙拉龍恩河畔，沙蒂利翁（Chatillon-sur-Chalaronne）。是薄酒萊（Beaujolais）東側的美麗城市。

里昂風味魚漿丸佐南迪亞醬汁
Quenelles lyonnaises sauce Nantua

白肉魚的魚漿丸和螯蝦製成的南迪亞醬汁,是道風味柔和的料理。
在製作魚漿丸時,魚肉和用牛奶、雞蛋等製作的"蛋黃奶油糊**panade**"混拌後,
仔細地過濾,製作出極其綿密滑順的口感。

材料（8人分）

魚漿丸
鱸魚（魚片） 300g（實際重量）
蛋白 50g
鮮奶油 200cc
鹽 9g
白胡椒 1g
蛋黃奶油糊（Panade）
 ┌ 奶油 30g
 ├ 牛奶 100cc
 ├ 麵粉 50g
 ├ 蛋黃 2個
 └ 鹽、胡椒、肉荳蔻 各適量

南迪亞醬汁（→P228）
裝飾用螯蝦（→P245）

1 進行鱸魚的預備處理。瀝乾水分後，仔細地除去魚骨，剝除魚皮。切掉血合肉的部分。

2 魚肉切成適當的大小，放入絞肉機攪碎。因透過機器的攪擠會產生熱度，所以放入墊放冰水的缽盆中。

3 製作蛋黃奶油糊。將奶油、牛奶、鹽、胡椒、磨削過的肉荳蔻一起放入鍋中加熱，當奶油溶化加熱至沸騰時，加入完成過篩的麵粉，氣力十足地用力攪拌，使其騰沸。

4 離火，加入蛋黃混拌。

5 攤放在方型淺盤上，緊貼覆蓋保鮮膜放入冷藏室冷藏。

6 將2的鱸魚和5的蛋黃奶油糊放入料理機攪打。

7 當鱸魚和蛋黃奶油糊充分混拌後，再加入蛋白攪打，繼續加入1/3用量的鮮奶油攪拌。因過度攪拌會造成奶油的分離，所以必須多加注意。

8 以細網目的過濾器過濾2次。藉由仔細地過濾，以求完成時的細膩滑順口感。

9 放入墊放冰水的缽盆中，充分冷卻。藉著冷卻來防止因奶油分離而產生不良的口感。

10 加入其餘的鮮奶油，以鹽和胡椒調味。試著燙煮少量試吃確認味道。

11 完成的魚漿丸材料，直接放入缽盆內，墊放冰水使其充分冷卻備用。

12 以溫熱的湯匙將魚漿丸的材料整型成像橄欖球形般，就是所謂的魚漿丸形狀。

13 在鍋中放入大量的熱水煮沸，加入鹽（用量外）。待沸騰後轉為小火，輕輕地放入魚漿丸，確實煮至中央完全受熱。以姆指和食指抓取般地輕觸，呈現具彈力狀態時即已完成。

14 瀝乾魚漿丸的水分，盛放至刷塗了奶油的耐熱皿中，澆淋上南迪亞醬汁（P228），放入180℃的烤箱，烘烤至表面略呈焦色為止。

完成

調整形狀，擺放上以鹽水燙煮的裝飾螯蝦。

里昂風味香腸搭配馬鈴薯沙拉
Saucisson lyonnais pommes à l'huile

里昂製作各種肉類加工食品，
這款加了粗粒開心果的香腸，就是非常受歡迎的一種。
香腸搭配馬鈴薯的溫沙拉是經典組合。
香腸與以油醋醬調味的馬鈴薯，是非常對味的搭配。

香腸

豬肩肉　450g
豬里脊肉　150g
豬背脂　160g
開心果　30g
鹽　12～15g
（相對於1kg肉類的分量）
胡椒　4g
（相對於1kg肉類的分量）
太白粉　1大匙
全蛋　1個
波特白酒
馬德拉酒　各適量
人工腸衣　1m

配菜

馬鈴薯沙拉
馬鈴薯（小）　750g
洋蔥（小）　1個
平葉巴西利　1/2把
西洋菜（cresson）　1把

油醋醬

（混合以下材料）
第戎產黃芥末醬　2小匙
紅酒醋　40cc
沙拉油　120cc
鹽、胡椒　各適量

調味蔬菜高湯（→P227）　適量

1　調味蔬菜高湯用的調味蔬菜全部切成薄片。

2　預備可以放入長50cm左右香腸的鍋子（照片中是稱作Poissonnière，可以放入整隻鮭魚燙煮的鍋子），製作調味蔬菜高湯（→P226）。

3　製作香腸。將豬肩肉、豬里脊肉、豬背脂切成可放入絞肉機的大小。

4　開心果放入160℃的烤箱烘烤數分鐘，切成粗粒。

5　將3用絞肉機攪碎成粗粒。最後放入變硬的麵包（用量外），將殘餘在絞肉機內的肉絞擠出來。

6　在缽盆中放入5，加進混合的胡椒、鹽、太白粉、開心果，一起混拌。

7　加入全蛋、波特白酒、馬德拉酒，邊由底部翻起邊進行揉和。取少量用鋁箔紙包覆煎熟試味道。可視必要用鹽和胡椒調整風味。

8　裝入絞擠袋內，填入單側打結的人工腸衣中。

9　用牙籤戳刺出排氣孔，並持續紮實的填入肉餡，以綿線在尾端打結。

10　在完成2的調味蔬菜高湯（無需過濾）中放入9。

11　蓋上鍋蓋，約加熱45分鐘。一旦沸騰會導致腸衣破裂，所以必須注意火候的調整。

12　完成燙煮後，直接放在調味蔬菜高湯中冷卻。

13　待冷卻後切分，避免乾燥地浸泡在高湯中保存。

14　配菜的馬鈴薯放入加了鹽的冷水中水煮，變柔軟後取出，剝皮，切成方便食用的大小。混拌油醋醬。

完成

將香腸和馬鈴薯盛盤，中央擺放上切成薄片水洗過的洋蔥圓片。裝飾上西洋菜和平葉巴西利。

螯蝦風味的布雷斯嫩雞
Poulet de Bresse aux écrevisses

使用當地著名特產，美味且肉質緊實的布雷斯雞，
以及可在河川中大量捕獲的螯蝦製成的料理。
用雞骨架和螯蝦頭製作的醬汁中，
加入表面煎至上色（rissoler）的雞肉，可以充分沾裹上醬汁的風味。

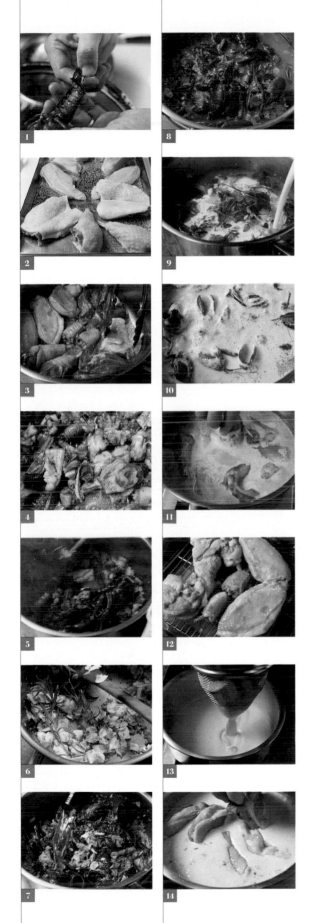

材料（8人分）

雞（布雷斯嫩雞。1.5～1.7kg的大小） 1隻
螯蝦 36隻
奶油、沙拉油、鹽、胡椒 各適量

醬汁

雞骨架 1隻
螯蝦的頭和螯 36隻的分量
紅蔥頭 3個
洋菇 50g
龍蒿 2枝
百里香、大蒜 各適量
白葡萄酒 150cc

番茄糊 1大匙
雞基本高湯（→P224） 350cc
鮮奶油（乳脂肪成分45%）
220cc
奶油 20g
粗鹽、胡椒 各適量

1 從螯蝦尾部中央，除去泥腸，取下蝦頭。用手指剝開蝦頭，拆下蝦螯，用剪刀輕輕敲開。蝦頭和蝦螯用於醬汁，蝦身作為盛盤使用。

2 處理雞隻（P230），將胸肉、腿肉和翅膀排放在方型淺盤上，兩面撒上鹽。

3 加熱放入相同比例的沙拉油和奶油的鍋子，雞肉從帶皮面開始煎。用小火加熱，兩面煎至略略上色後，取出。

4 製作醬汁。在同一鍋中加入奶油，放入切塊的雞骨架，用小火仔細拌炒至上色。

5 加入螯蝦的頭和螯，拌炒至顏色變鮮艷為止，用網篩瀝出多餘的水分和油脂。

6 在同一個鍋中，放入相同比例的沙拉油和奶油，加進切碎的紅蔥頭和大蒜，以小火拌炒。加入剁除厚皮切成薄片的洋菇、龍蒿和百里香。

7 當蔬菜充分受熱後，將5倒回，大動作混拌並倒入白葡萄酒。

8 煮沸後加入番茄糊混拌，倒入雞基本高湯以中火加熱。

9 當全體軟化至某個程度後，加入鮮奶油、粗鹽和胡椒。

10 以小火烹煮20～30分鐘。

11 以圓錐形濾網過濾，放入3的雞肉，避免沸騰地烹煮。

12 從已經受熱煮熟的部位開始取出，覆蓋上保鮮膜保存在溫熱的場所。

13 熬煮至煮汁成為半量後，過濾，再次以小火加熱，用奶油（用量外）提香並增添滑順度（monter）。

14 加入胡椒和切碎的龍蒿，將雞肉放回溫熱。

完成

將雞肉盛盤，倒入醬汁。裝飾上以奶油和沙拉油平底鍋拌炒至色澤鮮艷的帶殼螯蝦中段，以及龍蒿（用量外）。

紡織工人腦髓
Cervelle de canut

此「紡織工人腦髓」的獨特名稱，是因為在里昂街上，曾經有非常多紡織工人熱愛這道料理而得名。新鮮起司中混入了大蒜、紅蔥頭、香草，製作出豐富香氣的膏狀起司，用麵包蘸取食用非常美味。

酥炸沾裹麵包粉的牛胃
Tablier de sapeur

將牛的第二個胃（蜂巢胃）以白葡萄酒、黃芥末、檸檬汁等製作成醃漬液浸漬，沾裹麵包粉後油炸製成。
料理名稱直譯的意思是「工兵圍裙」。
因為傳統上大多以胃囊原本如圍裙般的形狀端上桌，因此得名。

紡織工人腦髓

材料（方便製作的分量）

白起司（Fromage Blanc）＊　125g（瀝乾水分的狀態）
雞基本高湯（→P224）　25cc
板狀明膠　1/2片（1.5g）
鮮奶油（乳脂肪成分45%）　50cc
龍蒿　1/2把
蝦夷蔥　1/2把
香葉芹　1枝
大蒜　1/2瓣
紅蔥頭　1個
鹽、胡椒　各適量

完成
長棍麵包
香葉芹的葉片
黑橄欖　各適量

＊白起司放在舖有細紗布的網篩上，
置於冷藏室一夜脫水。

1 在鍋中加熱雞基本高湯，加入用水（用量外）還原的板
　狀明膠，使其溶解。
2 在缽盆中放入白起司，少量逐次將1加入，邊加入邊以
　橡皮刮刀混拌至滑順。
3 將切碎的龍蒿、蝦夷蔥、香葉芹、大蒜、紅蔥頭加入2
　混拌，用鹽和胡椒提味。
4 鮮奶油攪打至七分發，加入3。輕巧地混拌後盛盤，附
　上烤熱的長棍麵包一起享用。絞擠在部分長棍麵包上，
　點綴上香葉芹和黑橄欖。

酥炸沾裹麵包粉的牛胃

材料（4人分）

蜂巢胃（牛的第二個胃囊）　1片
洋蔥　1個
西洋芹　1/2根
紅蘿蔔　1根
香草束（→P227）　1把

醃漬液
├ 白葡萄酒　80cc
├ 黃芥末（第戎產）　10g
├ 檸檬汁　1個
├ 沙拉油　10cc
└ 鹽、胡椒　各適量

麵衣
├ 乾燥麵包粉
├ 麵粉　各適量
├ 全蛋　3個
├ 沙拉油
└ 鹽、胡椒　各適量

奶油
蝦夷蔥　各適量
水煮蛋　1個

1 蜂巢胃以水煮至沸騰後，取出倒掉熱水。在鍋中放入
　水、切成適當大小的洋蔥、西洋芹、紅蘿蔔、香草束和
　蜂巢胃，煮至沸騰。
2 沸騰後蓋上鍋蓋，改以小火加熱或是放入100℃的烤
　箱，加熱5～6小時，煮至蜂巢胃變軟。
3 將蜂巢胃切成像攤開圍裙般的三角形，塗抹上混合好的
　醃漬液，放置2～3小時以上。
4 製作麵衣用的蛋液。全蛋和沙拉油、鹽、胡椒充分混拌。
5 瀝乾蜂巢胃的水分，依序沾裹麵粉、蛋液、麵包粉。
6 在平底鍋中融化奶油，將5的兩面煎炸至上色。切成適
　當大小盛盤。
7 用網篩分別過濾水煮蛋的蛋黃和蛋白，搭配上切碎的蝦
　夷蔥。

薩瓦、多菲內

安錫（Annecy）
格勒伯勒（Grenoble）
夏慕尼白朗峰（Chamonix-Mont-Blanc）
蒙特利馬（Montélimar）

地理	位於法國東南部的內陸，阿爾卑斯山脈西側的廣大山岳地帶。險峻山間有河川流經，形成湖泊。與瑞士和義大利國境相接。
主要都市	薩瓦有安錫、多菲內有格勒伯勒。
氣候	混合著寒暖溫差劇烈的內陸型氣候，和溫暖的地中海型氣候，冬天會下豪雨。
其他	夏慕尼白朗峰的區域，有阿爾卑斯及冰河觀光景點。

經典料理

Truite au bleu
以加醋的調味蔬菜高湯，燙煮鱒魚的料理

Noix de veau aixoise
西洋芹、紅蘿蔔、栗子燉煮羔羊腿

Fraçon
乾燥李子與馬鈴薯泥混拌後，與培根相互層疊至烤皿內的焗烤料理

Fondue savoyarde
使用薩瓦葡萄酒的起司鍋

Berthoud
白葡萄酒和添加辛香料的起司焗烤。佐以馬鈴薯

Gratin savoyard
馬鈴薯、培根、起司、高湯一起製作的薩瓦焗烤

接隣瑞士和義大利國境、位於法國東南部的薩瓦和多菲內。囊括法國阿爾卑斯山的大部分，有白雪靄靄的高山、溪谷、大小河川、湖泊以及平原，變化豐富的風景交織成的美麗之地。在此有阿爾卑斯登山口和世界數一數二的滑雪勝地，薩瓦夏慕尼白朗峰（Chamonix-Mont-Blanc）的阿爾貝維爾（Albertville）、多菲內的格勒伯勒（Grenoble），都曾經是冬季奧運的舞台。而且以礦泉水聞名，位於萊芒湖（lac Léman）附近的埃維昂（evian），也是薩瓦的城市之一。

在山岳地帶的氣候相當嚴苛，也因此農產中相較於葉菜類，根莖類更是主力。蔬菜有多菲內德龍省（Drôme）產的大蒜，和格勒伯勒（Grenoble）的紅萵苣葉 "batavia"、還有菊苣等，雖然有這些名產，但還是根莖類的馬鈴薯和塊根芹（celeri-rave）等產量較為豐富。特別是馬鈴薯在當地被稱作 "tartifla"，用在「馬鈴薯千層派Gratin dauphinois」為首的各式料理中。其他像是：杏、櫻桃、梨子、蘋果等水果，核桃也是特產。

除了農產品之外，在河川中可以捕獲的鱒魚、岩魚等魚類，野兔、山豬等野味，還有放養在山裡的飲乳羔羊、山羔羊、小牛、珠雞等家畜、家禽等都是名產。在這樣的

格勒伯勒（Grenoble）西側相連的韋科爾（Vercors）山地，標高2087m的艾吉耶山（Mont Aiguilles），因侵蝕而使得山麓被削開般成為絕壁的 "針峰"。

薩瓦地方的北端、萊芒湖（lac Léman）畔的埃維昂（evian）是礦泉水的水源地，也是從羅馬時代開始，就為人所熟知的溫泉療養勝地。

薩瓦南部一直延伸至多菲內的沙特勒斯山（Chartreuse）與孚日山脈（Massif des Vosges），在西元400年左右，就開始釀酒專用的葡萄栽植。

地區，當然乳製品的生產也非常興盛，料理中也經常使用鮮奶油或起司等。使用大量乳製品的溫暖料理，雖然與其他山岳地帶有共同特性，但在薩瓦和多菲內，還是不同於其他地方的菜餚別具特色。因其靠近美食之都里昂，而有了獨特的優雅氣氛，也因薩瓦至十九世紀中期為止，曾經是義大利區域內的獨立國家，所以也有使用義大利麵（Pasta）和粗粒玉米粉（Polenta）製作的料理，以"簡單樸質的山間料理"這樣的框架，無法一言以蔽之。

並且，所謂"多菲內風味"就是使用大量鮮奶油的烹調法。相對於此，"薩瓦風味"就是指使用了大量的鮮奶油和起司的料理，這是因為薩瓦相對起司產出較為豐富的緣故。以濃郁牛奶製作的硬質起司「博福特起司Beaufort」或洗浸式的「瑞布羅申起司Reblochon」等，都是具特色且風味深刻的薩瓦特產。但關於葡萄酒則反之，相較於薩瓦，多菲內的產出較多，並且能製作出如"HERMITAGE"般的優質產品。多菲內的葡萄園位於隆河左岸的位置，受惠於日照之故，除了葡萄酒之外，苦艾酒或蕁麻酒（Chartreuse）等，使用山間藥草或香草釀造出風味獨特的酒款。

德龍省產的大蒜 Ail de la Doôme
接近普羅旺斯南側，薩瓦地方德龍省可收穫的白色大蒜。帶一點點的甜味，口感柔軟，從十六世紀就開始栽植的。

伊澤爾省產的核桃 Noix de l'Isère（A.O.C.）
多菲內伊澤爾省的城市，格勒伯勒（Grenoble）周邊所出產的核桃，已得到（A.O.C.）的認證。大幅運用在麵包、糕點和料理當中。

紅點鮭 Omble chevalier
在流經阿爾卑斯山的河川或湖泊都能捕獲的岩魚（鮭科）的一種，也稱為阿爾卑斯岩魚。魚肉白且極為細嫩。可以放入烤箱烘烤，或用meunière法（邊加熱邊將鍋中熱奶油澆淋在魚肉上）烹調。

德龍省產的珠雞 Pintadeau de la Drôme（A.O.C.）
珠雞是雉雞科，肉質很像雉雞帶有野味的口感，沒有特殊氣味。德龍產的珠雞（雛鳥）是唯一取得（A.O.C.）認證的。

● **起司**

瑞布羅申起司 Reblochon
由二次榨取的香濃牛奶製作，是薩瓦地方的起司。帶有柔和的香氣和深層的風味，也常使用在當地的馬鈴薯料理「法式焗烤馬鈴薯（Tartiflette）」當中。

聖馬塞蘭起司 Saint Marcellin
多菲內地方所生產的起司。曾經是以山羊奶製作，但現在多以牛奶製作。表面覆蓋著白色的黴菌，隨著熟成起司中間會更加紮實，也更添美味。

譯姆渣浸起司 Tomme au marc de raisin
薩瓦地方，以牛奶製作的貝黏性的半硬質起司。因放入葡萄渣中浸漬1個月，所以從外到裡都散發著葡萄的甜香氣息。

● **酒／葡萄酒**

兩個地方都以紅葡萄酒為主力，特別是多菲內地方的隆河左岸，生產以希哈（Syrah）品種為基底的「HERMITAGE」等，是非常優質的紅葡萄酒。另一方面薩瓦地方，生產量較少，但有「克雷皮Crepy」、「賽塞爾Seyssel」等獲得了A.O.C.認證，白葡萄酒的生產占大部分。

蕁麻酒 Chartreuse
多菲內地方的北部，瓦龍（Voiron）的修道院所生產的利口酒。用130種以上的藥草浸泡在紅酒中釀造完成，酒精濃度是71%。用葉綠素或番紅花上色的是酒精濃度較低的製品。

以牛軋糖聞名的蒙特利馬（Montélimar），是靠近普羅旺斯南部，德龍省（Drôme）的城市。仍保留著十二世紀的領主阿希馬爾（Adhémar）宅邸的古老城市。

被群山環繞的薩瓦，有號稱世界第一透明度的美麗湖泊，安錫湖（Lac d'Annecy）。背後可見的是博爾諾（Bornou）山地的主峰，標高2351m的圖尼特峰（Tournette）。

紅酒燉煮兔肉
Civet de lièvre

用紅葡萄酒和調味蔬菜醃漬兔肉後，連同醃漬液一起燉煮，
煮汁中加入血來增添濃稠，是充滿野味的一道料理。
本來使用的是野味，但無法取得時飼養的兔肉也可以。
口味會有稍微的差異，醃漬液的配比和加熱時間也需要適度地調整。

〔解說→P170〕

魯瓦揚義大利餃
Ravioles de Royan

以牛奶和山羊奶製成的二種起司，來製作的義大利餃。
製作麵皮時，以義大利製麵機重覆地擀壓使其產生彈力，是製作的重點。
這樣的義大利麵，在靠近義大利的薩瓦地方非常受到歡迎，
內餡使用風味濃醇牛奶製起司「博福特起司Beaufort」，也是該地的著名特產。

〔解說→P172〕

紅酒燉煮兔肉

材料（6人分）

兔子（或是野兔） 1隻
洋蔥 1個
紅蘿蔔 1根
大蒜（帶皮） 2瓣
百里香 1枝
月桂葉（小） 1片
紅葡萄酒 750cc
麵粉
鹽、胡椒
橄欖油
奶油
干邑白蘭地
粗鹽、白胡椒粒（壓成粗粒） 各適量

配菜

香煎培根（→P244） 200g
香煎洋菇（→P250） 200g
亮面煮（glacés）小洋蔥（→P247） 18個

完成

兔子的內臟（心臟、肺） 1隻的分量
兔血（或豬血） 20～30cc
奶油
干邑白蘭地
平葉巴西利 各適量

1 處理分切兔子（P236）。前肢直接使用，後腿則在關節處分切成2等分，身體除去腹部表皮後，分切成3等分。骨頭切成小塊。

2 連同粗略切塊的調味蔬菜、香草，與處理分切的兔肉一起浸泡在紅葡萄酒中一天以上。

3 醃漬一天以上確實入味的狀態。野味（野兔）則需醃漬2～3天。

4 分開兔肉和醃漬液。液體過濾後放入鍋中，煮至沸騰以揮發酒精。取出調味蔬菜，拭乾兔肉表面水分，撒上胡椒和鹽。

5 兔肉薄薄地撒放麵粉，在鍋中放入橄欖油和奶油，將兔肉表面煎至凝固。

6 先取出兔肉，排放在擺放網架的方型淺盤上，瀝去多餘的油脂。

7 在5的鍋中放入切塊的骨頭，以中火拌炒。加入醃漬液時使用的調味蔬菜。

8 待蔬菜變軟後，再將煎過的兔肉放回鍋中，加入干邑白蘭地點火燄燒（flambé）。再次取出兔肉。

9 過篩加入2大匙煮汁用的麵粉，連同蔬菜一起混拌至粉類完全受熱。在此必須使粉類完全消失融合。

10 過濾加入煮沸的醃漬液。以刮杓從鍋底刮起般地混拌，使沾黏在鍋底的肉類精華得以溶出。

11 放回兔肉，煮至沸騰並撈除浮渣。加入粗鹽和白胡椒，蓋上鍋蓋，用170℃的烤箱加熱。

12 保持略微沸騰的狀態，加熱燉煮2～3小時。竹籤能輕易刺穿時，就是肉類變軟的證明。從烤箱中取出。

13 分開兔肉和煮汁，煮汁過濾後熬煮，加入切碎的心臟和肺，少量逐次地加入血，避免沸騰地加溫，用奶油提香並增添滑順度（monter），加入干邑白蘭地。確認濃度地調整添加的血量。

14 避免沸騰地熬煮後，以圓錐形濾網過濾。放回兔肉，使其與醬汁充分結合地加熱。

完成

盛盤，放上配菜，用油炸過的平葉巴西利葉裝飾。

魯瓦揚義大利餃

材料（4人分）

義大利餃麵團
- 麵粉　300g
- 全蛋　4個
- 融化奶油　20g
- 鹽　1小撮

內餡
- 羊奶製起司（金字塔型）　100g
- 博福特起司　50g
- 全蛋　25g
- 平葉巴西利（切碎）　1大匙
- 香葉芹（切碎）　1大匙
- 胡椒
- 橄欖油　各適量

雞基本高湯（→P224）　適量
鮮奶油　200cc
蝦夷蔥　2把
奶油　30～40g

1 製作義大利餃麵皮。首先過篩麵粉，混拌鹽，加入雞蛋，以刮板切開般地進行混拌。

2 混拌至某個程度後，加入融化奶油，大動作粗略混拌。

3 在工作檯上撒放手粉（用量外），用手掌揉和至整體融合。

4 待整合成團後，在工作檯上充分摔打揉捏。

5 待麵團緊實不再沾黏時，整型成圓球狀，包覆保鮮膜放至冷藏室靜置1～2小時。

6 製作內餡。仔細地削去羊奶製起司的表皮，用叉子搗碎。

7 加入磨削成粉的博福特起司和其餘材料，充分混拌。在麵團的預備作業完成前，放入冷藏室備用。

8 將義大利餃麵團分切成半，各別撒上手粉（用量外），擀壓成可放入義大利製麵機的大小。

9 用義大利製麵機擀壓。擀壓後折疊，再繼續擀壓地重覆作業，擀壓成厚0.5mm厚、長度則是義大利麵餃模型的兩倍長。

10 在義大利麵餃模型內撒上手粉（用量外），擺放麵團。按壓麵團的切邊，確實地將麵團按入凹槽內。

11 將內餡裝入絞擠袋內，擠在各凹槽中，將露出在模型外的麵團折疊覆蓋在模型上。

12 撒上手粉（用量外），滾動擀麵棍，切落多餘的麵團。確實按壓使麵團貼合後，為更容易脫模地放入冷凍庫靜置5分鐘。

13 煮沸雞基本高湯，放入切成適當大小的義大利餃。煮至餃皮呈半透明。

14 取出義大利餃，其餘的高湯（約400～500cc）略加熬煮，加入鮮奶油。沸騰後熄火，放入奶油以手持攪拌棒攪打。加入切碎的蝦夷蔥，製成醬汁。

完成

將義大利餃盛盤，倒入醬汁。

法式焗烤馬鈴薯
Tartiflette

平常使用的是薩瓦的洗浸（Washed）起司「瑞布羅申起司Reblochon」，是該地的特產。

馬鈴薯、洋蔥和培根拌炒後，盛裝至焗烤盤內，再於表面撒上起司，烘烤至起司柔軟融化。是一道散發獨特香氣又具深層美味的名菜。

馬鈴薯千層派
Gratin dauphinois

在散發蒜香的焗烤盤內放入用牛奶和鮮奶油烹煮過的馬鈴薯薄片，澆淋上葛律瑞爾起司（Gruyère），放入烤箱烘烤。是一道在法國各地都受到喜愛，特別是多菲內（Dauphiné）地方的名菜。

另外，也可以用雞蛋取代鮮奶油來製作。

法式焗烤馬鈴薯

材料（4人分）

洋蔥　1/2個
大蒜　5g
培根　80g
馬鈴薯　400g
奶油　50g
瑞布羅申起司（Reblochon）　1/2個
鮮奶油　100cc
鹽、胡椒　各適量

1　洋蔥和大蒜切碎、培根切成棒狀、馬鈴薯切成圓片。
2　在平底鍋中融化奶油，拌炒洋蔥和大蒜。拌炒至洋蔥成為透明狀態，加入培根，拌炒至產生香氣。
3　放進馬鈴薯拌炒，待熟透後，加入鹽和胡椒調味。
4　在焗烤盤內刷塗奶油（用量外），放入3。排放切成個人喜好大小的瑞布羅申起司。
5　倒入鮮奶油，放進200℃的烤箱，烘烤至起司完全融化。趁熱上桌享用。

馬鈴薯千層派

材料（6人分）

馬鈴薯　800g
大蒜　3瓣
牛奶　500cc
鮮奶油　300cc
葛律瑞爾起司（Gruyère）　80g
鹽、胡椒、肉荳蔻　各適量

1　馬鈴薯去皮，切成5mm厚的圓片。
2　在平底鍋中放入1和牛奶、鮮奶油、鹽、胡椒、肉荳蔻和用刀子拍碎成泥狀的大蒜，用中火加熱。煮至噗吱噗吱作響後轉為小火，加熱至馬鈴薯完全熟透。
3　取出馬鈴薯，排放在用大蒜（用量外）泥塗抹過的焗烤盤內。
4　熬煮至煮汁略有濃度，倒入3當中。
5　撒上磨削成粉的葛律瑞爾起司，放入180～200℃的烤箱中。
6　烘烤至葛律瑞爾起司融化呈現烤色時，即可取出供餐享用。

PAYS NIÇOIS

尼斯

DATA

昂蒂布（Antibes）
坎城（Cannes）
尼斯（Niçois）

地理	位於法國西南端、與義大利國境相隣的地方。由被稱為蔚藍海岸（Côte d'Azur）的地中海沿岸部分，和延續著阿爾卑斯的丘陵及山間所構成。
主要都市	尼斯。從巴黎飛行約1小時，搭乘TGV則約需5個半小時。
氣候	全年溫暖乾燥，唯秋季降雨較多。
其他	在沿海城市昂蒂布（Antibes），每年夏天都會舉行國際爵士音樂節。

經典料理

Socca
用鷹嘴豆（Cicer arietinum）粉和水、橄欖油製作的法式烘餅

Barbajouans
用義大利餃（Ravioli）麵團包裹米、起司和洋蔥等製成的油炸餅

Tripes à la niçoise
白酒燉煮牛蜂巢胃和調味蔬菜

Estocaficada
燉煮日曬魚乾

Tourte de blettes
添加莙蓬菜（Beta vulgaris subsp. cicla）的派餅

Nonats frits
油炸銀魚

Sardines fatcies à la niçoise
沙丁魚填入菠菜和新鮮山羊起司的內餡

與義大利國境相接，位於法國東南端的尼斯。這裡始於西元前入主的希臘人，之後經過羅馬帝國、薩伏依公國（Duché de Savoie）統治，至1860年成為法國領土。後有阿爾卑斯山脈，前方面向廣闊的地中海，是溫暖且風光明媚之處，也是自古以來王公貴族的別墅地，曾受到夏卡爾（Chagall）、馬諦斯（Henri Matisse）等藝術家的喜愛。蔚藍海岸（Côte d'Azur），附近從尼斯開始連結到以電影聞名的坎城，是世界知名的渡假盛地。但該處在歷史上每每受到外來的威嚇脅迫，因此城市呈現了要塞般，稱為"鷹巢村"的構造。埃茲（Èze）、聖保羅德旺斯（Saint-Paul de Vence）等村落就是代表，複雜組成的細小街道並列，現在仍呈現中世紀的氛圍。

受惠於氣候、地理的尼斯，其實有相當多特產品。紅蒜、朝鮮薊之一的刺菜薊（Cardon）、鯷魚、沙丁魚，還有當地稱為"loup"的鱸魚等魚貝類。運用這些豐富的食材製成的料理也深具魅力。本來料理近似隣近的普羅旺斯，但因尼斯大多會添加使用香草或柑橘等香氣，呈現更加優雅的印象。

坎城西邊，藍色的海和紅色岩石形成對比，而被稱為Corniche d'Or（黃金斷崖）的海岸線。被封為南法最美的海岸線。

位於尼斯和坎城間的昂蒂布（Antibes），有延綿25km的海灘和歐洲最大港灣設施的高級渡假勝地，畢卡索美術館也在此。

"鷹巢村Eagle's Nest Village"之一的埃茲（Èze），靠近摩納哥沿海建造在岩山上的中世紀都市。多陡峭的坡道、曲折的細窄道路，無法以車輛前往。

另一方面，與義大利的共通點也隨處可見。像是經常使用的通心粉、義大利餃（Ravioli）等材料，或是在義大利稱為"Farinata"受到青睞的鷹嘴豆烘餅，在尼斯則是稱為"La Socca"的名產。尼斯和義大利西北部曾經同屬於一個國家，所以共通點非常多。順道說明，"La Socca"是市場常見的簡便輕食，在尼斯就有非常多像這樣的平民輕食店。售販著蔬菜或魚的炸貝涅餅、甜椒鑲填肉餡「petits farcis」的熟食店，在街頭巷尾非常普遍。

關於葡萄酒，因常地的面積並不大，生產量也不多，但紅、白酒都各有幾款優質的產品。特別有名的是流經尼斯的瓦爾河（Var）沿岸高台地，貝雷（Bellet）所產，路易十六和美國第三任統總傑佛遜等都非常喜愛。起司方面，在北部山側區域，有使用羊奶、山羊奶和牛奶等製成的各種起司。此地也以橄欖油生產著稱，所以也有保存在橄欖油中的起司，令人躍躍欲試。

菾蓬菜 Blette de Nice
在南法，是整年都能栽植的葉菜。除了焗烤、歐姆蛋之外，也可放入塔餅內作為甜點食用。

紅蒜 Ail rouge
中間是紅色的小型大蒜。

檸檬 Citron de Menton
在接近與義大利交界處的都市蒙頓（Menton）栽植。這個城市的「檸檬節Menton Lemon Festival」非常著名。

苦橙（Bigaradier種） Orange bigarade amère
用於醬汁等苦味略強的柑橘類。是尼斯料理中不可或缺的食材。

刺菜薊 Cardon
朝鮮薊的一種。類似厚質朝鮮薊般的蔬菜，葉片可食。

鯷魚 Anchois
在地中海可捕獲的一種鯷魚，以鹽和橄欖油醃漬製成的加工品。具獨特的風味，也常用在取代調味料時。

黑橄欖 Olive noire de Nice
尼斯產，具有柔軟方便食用的特徵。浸泡鹽水以除去其澀味。

格拉斯的橄欖油 Huile d'olive de Grasse
以香水或香精油的產地而聞名的城市，玻璃水晶也很有名。

● **起司**

布胡斯起司 Brousse
細柔綿密的羊奶起司。是勒帕永（Le Paillon）流域，尼斯山間的上游所製作，保存在橄欖油中。

塞拉農鐸姆起司 Tomme de Seranon
不經加壓、不加熱地製作完成，是柔軟的牛奶起司。在格拉斯（Grasse）北部的塞拉農（Séranon）所生產。

阿努起司 Annot
尼斯山間的山羊奶製成的起司。也被稱為阿努鐸姆起司"Tomme d'Annot"。

● **葡萄酒**

貝雷產的葡萄酒 Vins de Bellet（A.O.C.）
在尼斯高台地釀造，從1941年傳承至今的古老品牌。侯爾（Rolle）品種的白葡萄和以巴哈格（Braquet）品種、神索（Cinsault）品種、黑福樂（Folle noire）品種為基底製作的紅酒或粉紅酒為主。

普羅旺斯丘 Côtes de Provence（A.O.C.）
在尼斯的北部瓦爾河畔維拉爾（Villars sur Var）所生產，唯一受到A.O.C.認證。「聖約瑟夫Clos Saint Joseph」也很有名。

後方有著陡斜山壁的尼斯海岸，海灣停泊著許多豪華客船和遊艇，在細石沙灘上有非常多享受日光浴的遊客。

以尼斯作為避寒地，俄羅斯皇帝尼古拉二世，於1903年所建，俄羅斯正教的聖尼古拉大教堂。鮮艷的色彩和形狀獨特的圓頂，引人注目。

尼斯海岸沿線綿延3.5km的道路、盎格魯街（Promenade des Anglais）上，林立著內格雷斯科大酒店（Hotel Negresco）等高級飯店及餐廳、賭場。

尼斯沙拉
Salade niçoise

以橄欖、鯷魚、番茄作為基本材料的簡樸沙拉，
但因為新鮮、風味十足的蔬菜，經過仔細的預備處理，
將各種食材的新鮮美味凝聚其中，
因此也受到其他地方的青睞，所以也出現使用鮪魚或馬鈴薯等不同的搭配。

〔解說→P180〕

普羅旺斯鑲肉佐甜椒庫利
Farcis provençaux, coulis de poivron doux

中央挖空的番茄、茄子、櫛瓜等南法的蔬菜中，
填入絞肉內餡，以烤箱烘烤的料理。
考量各種蔬菜和肉餡的受熱方式不同，先適度各別預備處理，
完成時，各種食材都能呈現最佳的美味魅力。

〔解說→P182〕

尼斯沙拉

材料（4人分）

綜合嫩葉沙拉
（各種帶有香氣的嫩葉生菜） 100g
小番茄 4～6個
鹽（鹽之花） 適量
青椒（大） 1個
小黃瓜 1根
小洋蔥（薄片） 8個
大蒜 1瓣
朝鮮薊（camus品種、Violetto品種） 各2個
全熟水煮蛋 2個
羅勒葉 適量
鯷魚 8片
黑橄欖（無核） 100g

油封鮪魚

黃鰭鮪的腹肉 100g
鹽、胡椒 各適量
大蒜 2瓣
百里香
初榨橄欖油 各適量

醬汁

羅勒葉
初榨橄欖油
鹽、胡椒 各適量

1 青椒表面以噴鎗（或直接火烤）燒至表面變黑，趁熱用保鮮膜包覆。

2 利用蒸氣使燒焦的表皮變軟後，除去保鮮膜。邊用流動的水沖洗，邊利用海綿除去表皮。

3 表皮完全乾淨剝除後，縱向切成4等分。去籽並削去苦味較強的內側膈膜，切成4～5mm長的棒狀。

4 削去小黃瓜的外皮，縱向對切，用湯匙挖去中間的籽。依其長度對切，再切成與青椒相同的棒狀。

5 汆燙番茄剝去表皮。在沸騰的熱水中放入除去蒂頭的番茄，待表皮有裂紋時，取出，以冰水冷卻。

6 番茄去皮切成月牙形，排放在方型淺盤上。撒入鹽之花，放置約10分鐘以釋出多餘的水分。

7 小洋蔥切極薄的薄片，大蒜除皮去芽，縱向切成薄片。塗抹容器增添蒜香的大蒜（用量外），則去皮對切。

8 預備處理過的朝鮮薊，放入加了麵粉、粗鹽、檸檬汁、水的液體中，燙煮至柔軟（P241）。取出擺放在方型淺盤上，切成薄片。

9 製作油封鮪魚。黃鰭鮪魚切成方便食用的5mm厚的短條狀。

10 排放在方型淺盤上，兩面撒上鹽和胡椒。

11 在鍋中倒滿橄欖油，放入去皮對切的大蒜和百里香，再放入10的鮪魚，約以80℃慢慢烹煮。當刀尖可以輕易刺穿時，即可熄火。

12 製作醬汁。在羅勒葉表面澆淋初榨橄欖油。藉此可以保留住鮮艷的顏色和香氣，切碎後放入也可放入冷凍保存。

13 切碎。待初榨橄欖油完全滲入後，再繼續搗碎成膏狀。

14 放入缽盆中，加鹽和胡椒。邊加入初榨橄欖油邊仔細混拌。

完成

在容器內側塗抹大蒜，盛放蔬菜、鯷魚、油封鮪魚、切成4等分的白煮蛋、再擺放上黑橄欖。以壓模壓切羅勒葉作裝飾，在其他容器內放入醬汁。

普羅旺斯鑲肉佐甜椒庫利

材料（6人分）

朝鮮薊（Violetto品種）　3個
帶蒂番茄（小）　6個
茄子（小）　3根
櫛瓜　2根
紅椒（小）　2個
橄欖油　10cc
大蒜（帶皮）　1瓣
百里香　1枝
鹽、胡椒　各適量
白葡萄酒　20cc
雞基本高湯（→P224）　50cc

內餡

- 豬肩里脊肉　150g
- 雞胸肉　1片
- 羅勒　1把
- 火腿　60g
- 洋蔥（切碎）　100g
- 大蒜（切碎）　10g
- 平葉巴西利（切碎）　5g
- 百里香葉　2枝
- 瑞可達起司（ricotta）　50g
- 全蛋　1個
- 黑橄欖（切碎）　30g
- 帕瑪森起司（parmigiano）　30g
- 橄欖油　適量
- 白葡萄酒　30cc
- 鹽、胡椒　各適量

甜椒庫利

紅椒　2個
洋蔥　100g
大蒜　2瓣
雞基本高湯（→P224）　150cc
鮮奶油　100cc
雪莉醋（sherry vinegar）　5cc
鹽、胡椒　各適量

完成

乾燥麵包粉　50g
帕瑪森起司　50g
雞基本高湯（→P224）　50～100cc
橄欖油　適量
羅勒葉　少量

1 預備蔬菜。朝鮮薊完成事前處理（P241），連同帶皮大蒜、百里香一起放入橄欖油的鍋中，撒上鹽和胡椒。加入白葡萄酒和雞基本高湯，蓋上鍋蓋，蒸煮至柔軟為止。

2 番茄以帶蒂的狀態切開上端，挖空中央。在中央撒入鹽，倒扣靜置地排出水分。為使放置時能更平穩地略切平底部。

3 茄子去蒂對半縱切，在切開斷面上劃切刀紋。撒上鹽和橄欖油，用鋁箔紙包覆每片茄子，放入180℃烤箱中烘烤至茄子中間的茄肉變軟，或用平底鍋以小火煎也可以。

4 瀝乾3的油脂，挖去中間茄肉，茄肉切碎放置作為內餡使用。

5 櫛瓜切成長4～5cm的圓筒狀，表皮削出線條，中央挖空。放入加鹽的熱水中燙煮，再過冰水。

6 紅椒表面以噴鎗燒炙，剝皮，除去蒂頭、籽、薄膜，中間撒入鹽。

7 預備內餡。豬肩里脊肉和雞胸肉切成可以放入攪肉機的大小，撒上鹽，用倒有橄欖油的平底鍋煎並淋入白葡萄酒。在另外的鍋中拌炒大蒜和洋蔥至出水（suer），加入切碎的火腿和羅勒拌炒。

8 用食物料理機攪碎肉類，加入其他內餡材料充分混拌。加入4的茄肉，用鹽和胡椒調味。

9 將8放入絞擠袋內，大量絞擠填充在預備好的各式蔬菜中。

10 將9排放在倒入少量橄欖油的平底鍋中，加入雞基本高湯。撒上混拌好的麵包粉和帕瑪森起司。番茄覆蓋回2切下的頂部，放入150℃的烤箱烘烤至表面上色。

11 製作甜椒庫利。首先剝除紅椒表皮（加熱時就可以不用燒炙表皮），除去中間的膈膜和籽，切成細絲。

12 用倒入橄欖油的鍋子拌炒切碎的大蒜和洋蔥薄片，待炒至軟化後，加入11的紅椒。

13 撒上鹽、胡椒，再加入雞基本高湯。清潔鍋壁，蓋上鍋蓋以小火煮至變軟。

14 以手持攪拌棒攪打均質，加入鮮奶油、雪莉醋、橄欖油，再過濾完成。

完成

在較深的容器內倒入甜椒庫利，盛放上蔬菜鑲肉。以羅勒葉裝飾。

尼斯洋蔥塔
Pissaladière

宛如披薩般的薄麵包麵團，
擺放上仔細拌炒出甜味的洋蔥、鯷魚和黑橄欖烘烤。
所謂 **"Pissalat"** 在尼斯當地指的是「鯷魚泥」。
搭配洋蔥，直接塗抹在麵團上使用。

材料（8人分）

Pâte levée salée（鹹味發酵麵團）
- 麵粉（Lys Dor*） 200g
- 鹽 5g
- 砂糖 10g
- 奶油 65g
- 新鮮酵母 10g
- 牛奶 30g
- 全蛋 1又1/2個（約75g）

橄欖油 2大匙

*百合花麵粉，日清製粉公司製作的高筋麵粉。
為重現法國麵包風味而開發的種類。

表層餡料

洋蔥 500g
大蒜 1瓣
鯷魚 2片
百里香葉 1枝
橄欖油 30～40g
鹽、胡椒 適量

完成

鯷魚 12片
黑橄欖（尼斯產） 24個
橄欖油 適量
蛋液
- 全蛋 1個
- 蛋黃 2個

1 在食物調理機中放入麵粉、鹽、砂糖和切碎的奶油，攪打成鬆散的砂粒狀。

2 牛奶溫熱至約25℃與新鮮酵母混合。過熱時會造成酵母菌的死亡，必須多加注意。

3 將2和打散的蛋液加入1當中，繼續攪拌全整合成團。

4 待全體均勻混拌後，將麵團取出放在撒有手粉（用量外）的工作檯上，輕輕揉和整合。

5 放入撒有手粉的缽盆中，淋上橄欖油覆蓋保鮮膜，靜置於冷藏室內1小時～1個半小時。

6 製作表層餡料。將切片洋蔥放進加入橄欖油的鍋中拌炒，加進切碎的大蒜。加入百里香葉和切碎的鯷魚，拌炒全散發香味。稍稍撒放鹽和胡椒。

7 待蔬菜變軟後，蓋上鍋蓋，過程中邊適度地攪拌，加熱至洋蔥軟爛。之後打開鍋蓋，拌炒揮發多餘的水分。用鹽和胡椒調整風味。

8 攤放在墊放冰水的方型淺盤上，避免乾燥地覆蓋上保鮮膜，放涼。

9 由冷藏室取出麵團，撒上手粉（用量外）後擀壓成5mm厚。

10 整型邊緣。首先，用手指分別在麵團內側及外側輕輕推壓，使其成為山形。

11 由外側抓取山形般地使其出現尖角。

12 用叉子刺出底部孔洞，澆淋上橄欖油。

13 表層餡料舖放在麵團上，在邊緣刷塗蛋液。

14 排放鯷魚和切成適當大小的黑橄欖，置於室溫至麵團邊緣略為膨脹地使其發酵。放入175℃的烤箱中烘烤至麵團底部上色為止。

尼斯三明治
Pan bagnat

南法特有的三明治之一。圓形對切的麵包切面，刷塗橄欖油，夾入尼斯沙拉的食材如番茄、雞蛋、鮪魚、鯷魚、橄欖等。

因麵包內側刷塗了大量的橄欖油，所以bagnat的名稱就是源自於"baigner（浸泡）"之意。

羅勒蒜香蔬菜湯
Soupe au pistou

用南法經常使用的調味辛香料，羅勒、大蒜、橄欖油研磨成泥狀，就是"pistou"。四季豆、豌豆、馬鈴薯、番茄等，添加了數種蔬菜配料，豐富的湯品中加入了羅勒蒜香醬，就完成這道料理了。

尼斯三明治

材料（方便製作的分量）

麵包麵團

- 高筋麵粉（Lys Dor） 500g
- 水 330g
- 新鮮酵母 12g
- 砂糖 40g
- 鹽 8g
- 奶粉 10g
- 奶油 50g

配菜

番茄 2個
水煮蛋 2個
鯷魚 8片
甜椒（紅色鐘形） 1個
洋蔥（小） 1個
羅勒
黑橄欖（尼斯產）
大蒜
萵苣葉（Leaf Lettuce） 各適量

橄欖油
白酒醋 各適量

1 製作麵包麵團。在缽盆中放入奶油以外的所有材料。最初必須避免新鮮酵母直接接觸到鹽，揉和至麵團產生彈力。

2 少量逐次加入放置於室溫的奶油，再次揉和至麵團產生彈力。

3 將麵團整合成球狀，放入撒有丁粉的缽盆中，避免乾燥地覆蓋上保鮮膜。在室溫中放置25分鐘，使其進行第一次發酵。

4 取出麵團，分切成100g。分切後立刻整型，麵團容易緊縮，所以靜置於室溫下20分鐘。

5 輕輕壓平排氣後，整型成直徑12cm的圓形。

6 擺放在烤盤上，放入發酵機內，20℃約1小時，進行二次發酵。如果沒有發酵機，則用大塑膠袋連同烤盤一起包覆，置於室溫中發酵。

7 以180℃的旋風式烤箱，約烤12分鐘，或250℃的石窯約烤15分鐘。

完成

完成時，將麵包橫向對切，切面塗抹白酒醋和大量橄欖油。也可刷塗蒜泥。夾入依個人喜好分切的配菜，盛盤。

羅勒蒜香蔬菜湯

材料（8人分）

白腰豆（乾燥） 300g
紅腰豆（kidney bean）（乾燥） 300g
四季豆 300g
馬鈴薯 2個
櫛瓜 1根
番茄 3個
羅勒蒜香醬（Pistou）

- 大蒜 6瓣
- 羅勒 6枝
- 帕瑪森起司 40g
- 橄欖油 適量

水 適量
義大利細麵（vermicelli）（極細義大利麵。乾麵） 適量
鹽、胡椒 各適量

1 白腰豆、紅腰豆，前一晚先浸泡在水中還原，各別以加了鹽的水煮至半熟。

2 用鹽水燙煮四季豆，瀝乾水分切成丁。馬鈴薯、櫛瓜切成1cm左右的方塊，番茄汆燙去皮去籽切碎。

3 製作羅勒蒜香醬。除芽的大蒜、羅勒、帕瑪森起司、橄欖油一起用食物料理機攪打成泥狀。

4 仕鍋中加入可以完全淹覆豆類、馬鈴薯、番茄的水，加熱至沸騰，加入切成2cm長的義大利麵。用鹽和胡椒調味，以小火烹煮至豆類完全熟透。

5 加入四季豆和櫛瓜，略略烹煮，熄火加入3的羅勒蒜香醬。

6 當蒜香滲入湯中，再次以鹽和胡椒調整風味，盛盤。

CORSE

科西嘉島

DATA

阿雅克肖（Ajaccio）

地理	法國東南方、熱那亞灣（Golfo di Genova）南邊的小島，位於義大利薩丁尼亞島（Sardegna）的正北方。少平原，除了海岸之外，其餘是山和林森。
主要都市	阿雅克肖（Ajaccio），位於尼斯東南方約180km之處。
氣候	海岸全年都溫暖，山間則寒涼，也會有積雪。
其他	當地出生的化學家安傑洛·馬里亞尼（Angelo Mariani）開發出成為可樂前身的飲料。

經典料理

Aubergines à la bonifaciene
用烤箱烘烤填入帕瑪森起司、大蒜、香草的茄子

Cabri en ragoût
山羔羊的燉煮料理

Canard aux picholines
烘烤橄欖風味鴨肉

Pebronata de bœuf
燉煮牛肉、白酒與帶辣味的番茄醬

Tripettes à la bastiaise
以添加了帕特利莫尼歐（Patrimonio）酒的高湯，燉煮牛胃和豬腳

Omelette au brocciu ou à la menthe
加入布羅秋山羊起司（Brocciu）、薄荷的歐姆蛋

Polenta de châtaignes
混拌栗子粉和熱水製作而成

浮在地中海上的島嶼－科西嘉。位於普羅旺斯東南的這個小島，至1769年為止都是義大利的領地。採用義大利、羅馬特有的方言，天氣清朗時，從小島南端的城堡要塞，博尼法喬（Bonifacio）可以眺望薩丁尼亞島（Sardegna）等，深刻感受到與義大利如此接近，以及在各個層面上與之相連甚深。南側首府阿雅克肖（Ajaccio），是軍人出身法國皇帝的拿破崙·波拿巴（Napoléon Bonaparte）的出生地，並以此聞名。島上東側是緩坡，西側則是深入且複雜的海岸線，進入內陸後，桑度山（Cinto）等險峻的山地和溪谷地形，有著富於變化的風景，是充滿魅力的美麗島嶼。

當地被石灰質的土壤覆蓋，因此雖然不太能夠栽植蔬菜，但在金燦燦的陽光下，卻盛行栗子、楊梅、柳橙、檸檬、類似柑橘的克萊門汀（Clementine）等水果的栽植。特別是栗子，是科西嘉最具代表性的作物，生產量很大，製成粉末後，用於麵包、義大利麵、糕點上，或可取代麵粉，是廣泛運用的食材。此外，石灰質土壤最適合栽植釀造用的葡萄。所以科西嘉有自1968年取得A.O.C.的"帕特利莫尼歐Patrimonio"等為數眾多的優質葡萄酒，科西嘉葡萄酒是法國唯一的島嶼葡萄酒，相當受到歡迎。

位於縱斷全島GR20登山道的中北部，是標高1427m的Vergio。起伏劇烈難度極高的登山道，是登山者的挑戰聖地。

中南部Bavella登山道附近的Purcaraccia峽谷，可以沿著河川游泳、在岩壁滑降等遊憩的溪降探險挑戰極限（Canyoneering）的聖地。

在北部稱為科西嘉角（Cap Corse）的細長半島附近，可以看到幾個熱那亞（Genova）時代的高塔。是伊斯蘭勢力來襲時兼具防守瞭望作用的塔。

栗子 Châtaigne

最代表科西嘉的特產。10月採收後，大部分是經過乾燥處理後製成粉，用於麵包、玉米粥（polenta）、餅乾等製作。也受到A.O.C.認證。

枸櫞 Cédrat

直徑10～12cm大型檸檬般的柑橘。9～10月間收成，酸味和苦味較強，所以不適合生食，表皮以糖漬後食用。

楊梅 Arbouse

地中海沿岸自然生長的西洋楊梅。表面是紅色、中間是黃橙色，甘甜柔軟，可以直接食用，也能加工成果醬、糖煮或製成利口酒。

紅色石狗公魚 Rascasse rouge

身體長約50cm的石狗公魚，有著紅色和橙色相間的條紋。味道清爽，可用於烘烤、或做成高湯般的湯品。

科西嘉的山羔羊 Cabri Corse

在山中以母山羊奶自然飼育，肉質柔軟且風味溫和，是當地頻繁食用的肉類。

蜂蜜 Miel de Corse（A.O.C.）

栽植各式各樣香草或柑橘，稱為"羅漢松科Podocarpaceae"的灌木地帶所採收的蜂蜜。因與其他多種花蜜混合，所以風味絕佳。

● **起司**

布羅秋山羊起司 Brocciu（A.O.C.）

用羊奶或山羊奶製作，是法國唯一擁有A.O.C.的新鮮起司。以乳清為基底，羊奶製品在冬～夏季產出，山羊奶則是春～秋季間可以購得。

叢林之花起司 Fleur du maquis

冬～夏季間手工製作的羊奶起司。不加壓、無加熱。表面撒上香薄荷（sarriette）和迷迭香，再擺放上辣椒、杜松子，香氣非常豐富。

● **酒**

帕特利莫尼歐 Patrimonio

1968年取得A.O.C.認證，是風味力道十足的高品質葡萄酒。各有其香氣表現，紅酒是莓果類或香料風味；粉紅酒是水果和香料；白酒則花香。

科西嘉角的蜜思嘉 Muscat du Cap Corse（A.O.C.）

1993年取得A.O.C.認證，珍貴的甜味葡萄酒。雖然給人凜冽的印象，但其實口感卻是十分柔和。是島的北部，上科西嘉（Haute-Corse）所生產的酒。

魚貝類、肉類都非常豐富。環繞著島嶼四周地中海，可捕獲海膽、石狗公魚、龍蝦、烏魚等，內陸的河川，則因急流可捕獲經典料理中經常使用的虹鱒。肉類當中，則以豬、羊和山羊為主。科西嘉島民特別喜歡羔羊肉，而飼育於山裡的豬肉，也有品質優良的好口碑，肉類加工食品的生產也很多。並且因牛隻的飼育數量受到限制，所以牛肉並不太多，關於起司的製造，大部分也是以羊奶或山羊奶為主。另外，科西嘉傳統的新鮮起司有"布羅秋山羊起司Brocciu"，當地的習慣是澆淋蜂蜜後享用，當然使用的蜂蜜也是科西嘉當地的特產之一。

像這樣山珍海味，各別與番茄，橄欖，香草等組合製作的經典料理，正是科西嘉人最引以為傲之處，其中使用較多的香草，正是科西嘉料理的特徵。將迷迭香、百里香、羅勒等加工成香草油，將薄荷加入歐姆蛋當中等，香草可以在各式搭配中靈活運用。另外，甜椒和小牛肉燉煮的「Pebronata」等，西班牙色彩濃厚的料理，科西喜島也有，這一點也是地中海沿岸地區的共通之處。

西海岸的阿雅克肖（Ajaccio）自十五世紀，熱那亞共和國（Repubblica di Genova）時代起，就是科西嘉島的中心城市。舊市區仍留有許多熱那亞風格的建築。

位於西北部風光明媚的吉羅拉塔灣（Girolata），與位於鄰近的斯康多拉（Scandola）自然保護區，及奇岩群的翻雅灣（Piana）一起登錄為世界自然遺產。

可不時看到岩石裸露的南部聖朱利亞（Santa Giulia）海灘。在本島南部有好幾處同樣美麗的沙灘，夏季總吸引非常多觀光客。

鐵鍋燉煮橄欖、培根、仔羊肩肉
Épaule d'agneau aux olives
et à pancetta en cocotte lutée

使用了橄欖、培根等，義大利或地中海沿岸地方大受歡迎的食材，
以及山裡飼育的羔羊肩肉，充分地展現了科西嘉島地勢的料理。
藉由麵團密封鑄鐵的鑄鐵鍋（cocotte），
使其成為壓力鍋般的狀態，更能徐徐誘發出肉類與蔬菜的美味。

材料（4人分）

羔羊肩肉　1.5g	番茄糊　1大匙
培根（Pancetta）　200g	橙皮（乾燥）　適量
黑橄欖　80g	香草束（→P227）　1束
綠橄欖　80g	香薄荷（Sarriette）*
蘑菇（champignon）　200g	迷迭香
小洋蔥　12個	橄欖油
紅蘿蔔　60g	鹽、胡椒　各適量
洋蔥　60g	
西洋芹　10g	**麵團（封鍋用）（→P243）　適量**
番茄　1個	
大蒜　2瓣	*紫蘇科的香草。又稱為木立薄荷。
低筋麵粉　40g	
紅葡萄酒　200cc	
小牛基本高湯（→P224）　300cc	

1　羔羊肩肉因需長時間燉煮，所以適度地清理成殘留略多脂肪的狀態。切成約5cm的塊狀。

2　將1的肉類沾裹橄欖油、香薄荷、迷迭香，以保鮮膜包覆，置於冷藏室一天一夜醃漬。

3　紅蘿蔔、洋蔥、西洋芹各別切成1cm程度的塊狀。番茄汆燙去皮切成相同的大小。培根切成1cm方塊x長3～4cm的棒狀。蘑菇剝除外皮，切成月牙狀。

4　在羔羊肩肉撒上鹽和胡椒，放進加入大量橄欖油的鑄鐵鍋（cocotte）中，以中～大火加熱至呈現烤色。

5　取出4的肉塊，丟棄鍋中殘留的油脂。倒入新的橄欖油，拌炒培根。

6　加入大蒜、蘑菇、迷迭香。待炒軟後加入鹽和胡椒，從鍋中取出。

7　除去鍋中油脂，再次倒入橄欖油。放入紅蘿蔔、西洋芹、洋蔥、香薄荷拌炒。

8　放回肉塊，混合。加入完成過篩的麵粉充分拌炒，至粉類味道完全消失。

9　倒入紅葡萄酒和小牛基本高湯。過程中避免燒焦地適度清理鍋壁。

10　加入番茄糊煮至沸騰。撈除浮渣。

11　轉弱火勢加入培根、小洋蔥、番茄。加入兩種橄欖和橙皮、香草束。加入香薄荷和迷迭香。

12　在鑄鐵鍋的邊緣刷塗水分，沿著鍋子邊緣圍上麵團。

13　在鍋蓋邊緣也刷塗水分，由上方按壓般地確實覆蓋，使鍋子密合緊閉。放入180℃的烤箱中，加熱1個半小時～2小時。

14　取出鑄鐵鍋，以刀背敲破麵團。取出香草束，用迷迭香裝飾，以鍋子直接趁熱上桌享用。

培根栗子濃湯
Velouté de châtaignes à la pancetta

科西嘉的山地可以採收豐盛的栗子，廣泛運用在料理和糕點上。
栗子與鮮奶油的組合，可以製作出濃稠滑順口感的濃湯。
栗子柔和甘甜的風味，更恰如其分達到畫龍點睛的效果。
使用的"培根"是用豬五花肉鹽漬製作的新鮮培根。

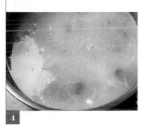

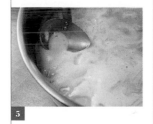

材料（8人分）

栗子　500g
（法國產真空包裝。Ponthier公司）
洋蔥　1/2個
培根（Pancetta）　200g
雞基本高湯（→P224。或水）　2L
鮮奶油　100cc
奶油　50g
鹽、胡椒　各適量

1　培根切成細絲。

2　用加入奶油的鍋子拌炒1。

3　待產生香氣後，加入洋蔥薄片，拌炒至軟化後加入栗子。

4　加入雞基本高湯或水，用鹽和胡椒調味，煮至沸騰（雞基本高湯
　　有紮實的濃香，用水則是強調栗子本身的風味）。

5　撈除浮渣，轉為小火，以略微沸騰的狀態將洋蔥和栗子煮至
　　柔軟。

6　將5放入果汁機內，加入鮮奶油和奶油攪打。

7　用雞基本高湯或水來調整至適當的濃度。

8　以圓錐形濾網過濾，用鍋子溫熱。以鹽、胡椒調味。

完成

　倒入容器內，以切成絲細的拌炒培根（用量外）作為裝飾。

蔬菜貝涅餅
Beignets de légumes

用麵衣沾裹櫛瓜、茄子、番茄等當地特產的蔬菜油炸，
撒上鹽享用，就像是日本炸天麩羅般的料理。
"貝涅Beignet"不僅指這樣的料理，也可用於油炸糕點。
有著酥脆口感，又能輕鬆拿取享用的菜餚。

帶花櫛瓜　4根
櫛瓜　1根
茄子　1根
番茄　2個
平葉巴西利　1/2把

香草醬汁
├ 百里香葉　1枝
├ 羅勒　20g
├ 普羅旺斯綜合香料（Herbes de Provence）（→P197）　1小匙
└ 橄欖油　100cc

貝涅麵衣
├ 麵粉（Lys Dor）　90g
├ 玉米粉　60g
├ 泡打粉　15g
├ 鮮奶油　75cc
├ 全蛋　1個
└ 水　125cc

炸油（沙拉油）
鹽　各適量

1　製作貝涅麵衣。將麵粉、玉米粉、泡打粉過篩至缽盆中。加入
　　鮮奶油、全蛋和水，用攪拌器混拌，混拌至全體均勻沒有結塊
　　為止。
2　製作香草醬汁。在另外的缽盆中放入切碎的百里香葉、羅勒、普
　　羅旺斯綜合香料、橄欖油　同混拌。
3　用毛刷將2少量地刷塗在斜切成1cm厚的櫛瓜和茄子的切面上。
4　將3和帶花櫛瓜、切分成小株的平葉巴西利、氽燙去皮縱向切成
　　4等分的去籽番茄，全沾裹上貝涅麵衣，用180℃的熱油酥炸。擺
　　放在網架上瀝乾炸油，趁熱撒上鹽。

完成
　　盛盤，剩餘的香草醬汁則放入其他容器一起上桌。

PROVENCE

普羅旺斯

普羅旺斯-艾克斯
（Aix-en-Provence）

亞維儂（Avignon）

阿爾勒（Arles）

馬賽（Marseille）

地理	位於法國東南部、面對地中海的地方。東北部有高聳鄰近阿爾卑斯山岳地帶，西部則是隆河河岸的濕地。
主要都市	馬賽。從巴黎搭乘飛機約1小時15分鐘，以TGV約3小時。
氣候	沿岸地區是溫暖的。山間地帶略為涼冷，隆河河岸的溫差十分劇烈。
其他	在當地才有的圖紋印製在棉布上，稱為"Souleiado"。

經典料理

Grand Aioli
燙煮過的魚、蔬菜、雞蛋佐以蒜味蛋黃醬的料理。在普羅旺斯是復活節前週五食用的傳統料理

Anchoiade
鯷魚、大蒜、橄欖油的醬汁

Soupe de poisons
石狗公等小型魚和調味蔬菜製作的魚湯

Daube d'Avignon
橙皮紅酒燉煮羔羊腿肉的料理

Ratatouille
數種蔬菜、大蒜、羅勒等製作的燉煮料理

Tian de courgettes
拌炒洋蔥和圓片櫛瓜的烘烤料理

位於法國南部、地中海沿岸東部的普羅旺斯。當地在西元前曾是希臘的殖民地，接著先後被羅馬帝國、西班牙等國家統治，至十五世紀才成為法國的領土。"普羅旺斯"的名稱，是從羅馬帝國統治時期的地名"Provincia"而來。中心地是希臘殖民時期發展孕育而生，貿易繁榮的港都－馬賽。其他還包括曾經是法國主教的亞維儂（Avignon），至今仍保留羅馬時期遺跡，以及現在仍作為鬥牛場，圓形競技場的阿爾勒（Arles）等，仍是十分著名的城市。

普羅旺斯同時具有海洋、山景、田園、濕地等各式景觀，呈現自然之美，也是梵谷、塞尚等印象派畫家們最喜愛的地方。多樣化的自然條件和溫暖氣候，帶來了豐富特產。以農作物為例，以普羅旺斯料理中不可或缺的番茄、大蒜、橄欖等為首，以至於甜椒、茄子、櫛瓜、朝鮮薊等蔬菜，還有薰衣草等各式各樣的香草。另外，水果的栽植也十分興盛，像甜瓜、無花果、桃子、檸檬等。值得一提的是糖漬水果，是位於中央的阿普特（Apt）名產。蔬菜、水果的產出陣容與隣近的尼斯十分近似，只是普羅旺斯的面積更為廣闊，也更具豐富變化。

位於中西部位置呂貝宏（Luberon）山麓的薰衣草園，七月是最盛開的時節。周邊有建築與之相映成趣的盧爾馬蘭（Lourmarin）等，散布著美麗的村落。

法國民謠中歌詠著亞維儂（Avignon）的聖貝內澤橋（Pont Saint-Bénezet）。橫跨隆河十二世紀所建的橋樑，但在幾次氾濫後傾倒，現在僅存留部分。

聳立在阿爾皮耶山（Les Alpilles）中，石灰質高台上的普羅旺斯-萊博（Les Baux-de-Provence）村落。存留22處教會、城堡等文化遺產，壯麗的景觀成為觀光的最大魅力。

關於魚貝類，岩岸群聚的小魚、鱸魚、蟹、鯷魚等都是其特產。馬賽的名產「鮮魚湯Bouillabaisse」，是使用了大量地中海魚貝類所作的料理。肉類方面，北部山區西斯特龍（Sisteron）的羔羊、西部的卡馬爾格（Camargue）所飼育的閹牛"taureau"也非常有名。位於濕地的卡馬爾格，也以米的產地而聞名。雖然也能收獲松露，但因當地的土壤中混有砂粒，所以形狀歪斜。話雖如此，風味卻不會輸給佩里戈爾的優秀產品。

氣候全年溫暖，夏季非常炎熱，料理相較於奶油和鮮奶油，更常被橄欖油取代。就這點而言反而與義大利或西班牙更具共通點，特別是西部卡馬爾格的海濱聖瑪麗（Saintes-Maries-de-la-Mer）等地，也經常食用「西班牙燉飯Paella」。在起司方面，因飼育的牛隻較少，以山羊奶或羊奶製作為主流。

關於葡萄酒，普羅旺斯擁有很多A.O.C.認證的優質產品，特別是粉紅葡萄酒。其中馬賽東部的港都卡西斯（Cassis）產的不甜白葡萄酒也很有名，很適合搭配「馬賽鮮魚湯」。另外在西斯（Cassis）的葡萄園，據說是法國最古老的葡萄園，具有歷史意義的產地。

普羅旺斯的朝鮮薊 Artichaut de Provence
帶著紫色雞蛋型小顆的朝鮮薊。莖的部分也柔軟可食。

杏仁果 Amande de Provence
當地種植可採收的香甜杏仁果。栽植最多的是Ferritine品種，略大、有柔軟的外殼。

卡瓦永的甜瓜 Melon de Cavaillon
膨大且圓、表面帶著綠色的縱向條紋。果肉是顏色鮮艷的橘色，香氣強且果肉紮實甜美。

西斯特龍的羔羊 Agneau de Sisteron
飼育在北部小村落西斯特龍的羔羊。特別是飲乳羔羊，帶著溫和的風味，肉質細膩、品質極佳。

尼永的橄欖油 Huile d'olive de Nyons（A.O.C.）
即使在法國國內也很稀少，擁有A.O.C.認證，以北部村落尼永的黑橄欖所製成的橄欖油。

普羅旺斯綜合香料 Herbes de Provence
混合了百里香、薄荷、馬郁蘭、奧勒岡、迷迭香、羅勒、香菜芹、龍蒿，製作而成的綜合香料。

● 起司

木拉罕起司 Moularen
不經加壓、不加熱的羊奶製滑順起司，蒙特羅（Montereau）地區所製作。最佳享用時節是晚冬～夏季。

香薄荷起司 Poivre d'âne
使用山羊奶和牛奶、或僅使用牛奶製作的柔軟起司，表面撒上香薄荷（sarriette）。熟成期間約是一個月，整年都可產出。

阿爾皮耶羊奶起司 Chèvre fermler des Alpilles
以山羊奶製作的柔軟起司。不加壓、不加熱。夏季生產於隆河附近的阿爾皮耶山（Les Alpilles）的山麓地區。

● 酒 / 葡萄酒

艾克斯-普羅旺斯丘 Coteaux d'Aix-en-Provence（A.O.C.）
1985年取得A.O.C.認證的葡萄酒。中北部的汕朗斯河（Durance）沿岸至地中海、隆河起至聖維克多山（Mont Sainte-Victoire）之間的49個市鎮所生產。生產比率上，粉紅酒55%、紅酒40%、白酒5%。

茴香酒 Pastis
地中海沿岸、馬賽所生產，添加了大茴香、甘草和小茴香以增添香氣的透明香甜利口酒。主要用作餐前酒，用水稀釋後會變成白色。

該地區的西側，沿著隆河的阿爾勒（Arles），在五世紀時是西羅馬帝國的都城，街道中仍留有圓形競技場等幾個古代遺跡。

以羔羊飼育著稱的西斯特龍（Sisteron），位於海拔485m的朵昂思河（Durance）流經的丘陵地帶。有十一世紀倫巴底（Lombard）建築裝飾的教堂等，值得一看的景點。

位於馬賽北邊，普羅旺斯-艾克斯（Aix-en-Provence）東側的聖維克多山（Mont Sainte-Victoire），是當地出身的畫家保羅•塞尚（Paul Cézanne）最喜好的主題。

馬賽鮮魚湯
Bouillabaisse marseillaise

源自地中海沿岸，馬賽漁夫間的豪邁大鍋料理。
據說「必須要加入4種以上的鮮魚」才算。
石狗公、馬頭魚、鮟鱇等。多種魚類的美味和番紅花的香氣，
完美地組合出漂亮、豐美的黃色鮮魚湯。

〔解說→P200〕

普羅旺斯蒸煮牛肉
Daube de bœuf à la provençale

所謂的Daube，指的就是用白葡萄酒將肉類連同調味蔬菜一起蒸煮而成的料理。
是該地自古流傳且非常受到喜愛的家庭風味。
肉質緊實的牛肉，慢慢蒸煮至柔軟，
完成時搭配橄欖或番茄碎，一同享用。

〔解說→P202〕

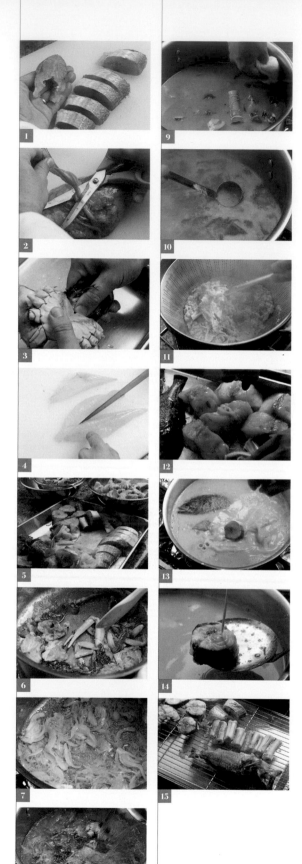

馬賽鮮魚湯

材料（方便製作的分量）

4種以上的鮮魚　共2kg
（石狗公、金線鰱、棘黑角魚、馬頭魚、鮟鱇魚、海鰻）
橄欖油　10cc
番紅花　適量
魚湯
- 小型魚（金線鰱、石狗公）　1kg
- 梭子蟹（或小毛蟹）　2隻
- 洋蔥　1個
- 茴香球莖（fenouil）　1/2根
- 大蒜　3瓣
- 韭蔥　1根
- 番茄　2個
- 橄欖油　30cc
- 番茄糊　1大匙
- 香草束（韭蔥綠色部分、平葉巴西利、月桂葉、乾燥橙皮）
  （→P227）　1束
- 水　3L
- 炸馬鈴薯條（→P248）　200g
- 香薄荷（Sarriette或百里香）　1枝
- 番紅花
- 鹽、白胡椒　各適量

配菜

魯耶醬（Rouille）（→P229）　適量
橄欖油　10cc
長棍麵包　1/2條
茴香球莖（fenouil）葉
羅勒葉　各少量

1 切除金線鰱的頭、尾、背鰭、魚鱗和內臟，用水沖洗帶血的部分，再切成3～4cm的圓筒狀。

2 魚使用剪刀剪去背，剝除魚皮。用刀子削去血合肉的部分和薄薄的皮膜，切成圓筒狀。

3 用刀子在螃蟹的甲殼上劃出切口並將其拆卸下來，蟹腳也拆卸下來。除去腹節、砂囊後切碎。

4 馬頭魚，去皮和去骨，切分成3片，將其作為水煮（pocher）用魚片。

5 其他魚也適當地處理切分，區隔魚湯用或食材用的部分。

6 用擀麵棍敲碎螃蟹，加熱鍋中橄欖油，以大火將甲殼拌炒至變成紅色為止，以網篩瀝去油脂。

7 在6的鍋中放入半量的切碎大蒜、番紅花、茴香球莖、韭蔥、洋蔥，以橄欖油拌炒。

8 放入魚湯用魚和6的螃蟹殼，加水，放進香草束、香薄荷，加入少許鹽、胡椒，保持微沸騰狀態地燉煮約2小時30分鐘。

9 在6和7的作業過程中，沾黏在鍋壁上的髒污，一旦放置就可能會成為苦味或焦味的來源，所以用布巾擦拭乾淨。

10 浮出表面的浮渣，是苦味和腥味的來源，而且會影響完成時的外觀，所以要仔細地撈除。

11 湯汁加熱完畢後，取出香草束，其餘以攪拌機打碎。用粗網目的圓錐形濾網過濾。

12 完成預備處理的食材用魚，先沾裹橄欖油，再撒上鹽。加入番紅花，置於冷藏宰醃漬30分鐘～1小時，使鹹味滲入魚肉中並增添番紅花的香氣。

13 魚肉較硬或切成筒狀的魚比較不容易熟，所以依序將其放入11保持即將沸騰的湯中，水煮（pocher）。

14 竹籤可以輕易刺穿時，就完成水煮了。

15 避免魚肉碎裂地取出，排放在架著網架的方型淺盤上。炸過的馬鈴薯條也用湯汁烹煮。

完成

將魚和馬鈴薯條盛盤，將剩餘的大蒜放入溫熱的湯中，以圓錐形濾網過濾調味，再澆淋上去。用茴香球莖葉片裝飾。

長棍麵包切成薄片，塗抹橄欖油用烤箱烘烤成金黃色後，以切半的大蒜刷塗並抹上魯耶醬。用羅勒葉裝飾，盛放在其他容器上桌。

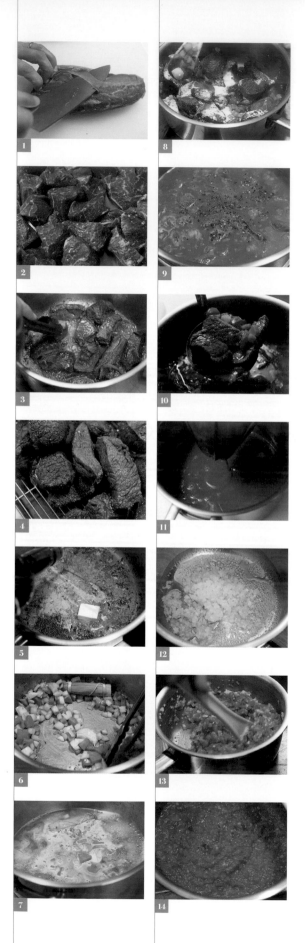

普羅旺斯蒸煮牛肉

材料（8人分）

牛肩肉　600g
白葡萄酒　200cc
紅蘿蔔　70g
洋蔥　70g
大蒜（帶皮）　4瓣
香草束（→P227）　1束
番茄　2個
麵粉　3大匙
小牛基本高湯（→P224）　500cc
橄欖油
奶油
鹽、胡椒、黑胡椒（粗粒胡椒）　各適量

自製番茄糊（Tomato concassé）
├ 番茄　6個
├ 番茄糊　1大匙
├ 洋蔥　50g
├ 大蒜　4瓣
├ 橄欖油
├ 奶油
└ 鹽、胡椒　各適量

配菜、完成
綠橄欖　80g
黑橄欖　80g
百里香　適量

1　仔細剔除牛肩肉表面的白色筋膜。

2　分切成大塊，排放在方型淺盤上，兩面撒上鹽。

3　在鍋中倒入橄欖油和奶油加熱，放進肉塊後用大火鎖住表面（saisir）。待兩面上色後取出。

4　瀝去汁水後，撒上胡椒。滴落在方型淺盤上的肉汁也保留備用。

5　丟棄3鍋中殘留的油脂，放入新的奶油和橄欖油。

6　加進切成方塊的胡蘿蔔、洋蔥、大蒜、香草束，用小火拌炒到軟化。

7　加進白葡萄酒釋出鍋底精華（déglacer），確實熬煮至白葡萄酒的酸味揮發。

8　將煎過的牛肉放回鍋中，麵粉過篩全部加入鍋中混合，並充分拌炒至粉類味道完全消失。

9　加入小牛基本高湯、汆燙去皮並切碎的番茄和4的肉汁，使其沸騰並撈除浮渣。撒入粗粒黑胡椒和鹽，保持略微沸騰的狀態烹煮。也可以蓋上鍋蓋放入180～200℃的烤箱。

10　待肉變軟後，取出，覆蓋保鮮膜保存於溫熱場所。

11　繼續撈除煮汁的浮渣，熬煮至美味凝聚並略呈現碉濃狀態，以圓錐形濾網過濾。上桌享用前再放回牛肉加溫。

12　製作自製番茄糊。在鍋中放入橄欖油和奶油，加進切碎的洋蔥和人蒜。

13　待食材軟化後，加入汆燙去皮切碎的番茄。撒上鹽、加入番茄糊，以小火烹煮。

14　待煮至番茄形狀消失的程度，使多餘水分揮發後，用鹽和胡椒調整風味。

完成

將11放入較厚的鍋中，擺放自製番茄糊和去核橄欖，以百里香裝飾。連同鍋子一起上桌享用。

醋漬鯖魚
Escabèche de maqueraux

用大量香草油煎炸而成，
浸泡至加入香草帶著酸味的醃漬液中，製作而成的保存食品 "Escabèche"。
是從西班牙被稱作 "Escabeche" 的料理傳習過來，
在當地使用的是沙丁魚類的食材，本書中使用的是在日本可以簡單購得的鯖魚。

材料（8人分）

鯖魚　4條
奶油、橄欖油
鹽、胡椒　各適量

醃漬液
├ 紅蘿蔔　8根
├ 大蒜　5瓣
├ 小洋蔥　8個
├ 檸檬皮和檸檬汁　1個
├ 百里香、迷迭香、月桂葉、橄欖油　各適量
├ 白酒醋　75cc
├ 白葡萄酒　250cc
├ 羅勒葉　15g
├ 埃斯普萊特辣椒粉（Piment d'Espelette）
└ 鹽、黑胡椒粒（粗粒胡椒）　各適量

1 處理成魚片的鯖魚（→P240）切半，兩面撒上鹽和胡椒。因是冷製料理，所以鹽可以多一點。
2 在平底鍋中放入大量橄欖油和奶油，以中火加熱，鯖魚皮朝下放入。
3 加熱至約8分熟，魚皮煎炸成金黃色時，翻面。立刻離火，利用餘溫使另一側完全受熱。
4 一半用量的羅勒葉澆淋上大量橄欖油，切碎。
5 將4切碎的羅勒葉墊在方型淺盤的底部，鯖魚表皮朝上地排放。
6 將紅蘿蔔尖端朝向自己，向上斜握，削皮並將其整型成圓錐狀。斜向薄切成片。
7 大蒜去芽切成薄片。大蒜和6的紅蘿蔔各別燙煮至柔軟備用。
8 小洋蔥去皮，切除兩端後，用刨削器刨削成2mm左右的厚度。
9 在煎炸過鯖魚的平底鍋中倒入橄欖油，依序放入蔬菜、檸檬皮、香草類，以中火拌炒。
10 加入鹽、粗粒黑胡椒、白酒醋、白葡萄酒、檸檬汁、其餘的羅勒葉、橄欖油。
11 加入埃斯普萊特辣椒粉，煮至沸騰後，轉為小火，約加熱10分鐘。過程中邊撈除浮渣邊適度地清潔鍋壁。
12 在鯖魚表面撒上埃斯普萊特辣椒粉，大量澆淋上11的熱醃漬液。用保鮮膜密封，置於冷室藏室。
13 翌日便能享用。放入瓶罐等密閉容器內，約可保存2～3個月（冷藏室）。

烏賊鑲普羅旺斯燉菜
Chipiron farcis à la ratatouille

用橄欖油拌炒切碎的茄子、櫛瓜、番茄、甜椒等，像製作燉菜般完成後填入烏賊的料理。

Q彈的烏賊、殘留適度口感的蔬菜以及番茄的酸味，是這道料理的重點，也是普羅旺斯眾多烏賊料理之一。

蒜味蛋黃醬
Aïoli

在橄欖木或石製研磨缽內，搗碎大蒜，混入馬鈴薯、蛋黃和橄欖油攪拌使其乳化製作而成，類似蛋黃醬般的膏狀。帶著強烈蒜香是其特徵，經常用在家族聚餐，搭配煮魚或蔬菜享用。

烏賊鑲普羅旺斯燉菜

材料（4人分）

長槍烏賊（中）　4隻
※若是小型烏賊則需8隻

普羅旺斯燉菜
- 洋蔥　1/2個
- 大蒜　1瓣
- 紅甜椒　1/2個
- 青椒　1/2個
- 番茄　1個
- 茄子　1/2根
- 櫛瓜　1/2根
- 百里香葉
- 新鮮麵包粉　各適量
- 蛋黃　1個
- 橄欖油
- 鹽、胡椒　各適量

醬汁

烏賊邊角碎肉　適量
（為使烏賊長度相等而切下的邊角或尾　）
洋蔥　1個
大蒜　3瓣
番茄　2個
橄欖油
白葡萄酒　各適量

1　拉出烏賊腳和內臟，用水充分清淨。剝除表皮，切下尾鰭。烏賊腳留待完成時與邊角碎肉一起用於醬汁。

2　以放了橄欖油的平底鍋拌炒切碎的洋蔥和大蒜，加入百里香葉、切成小方塊的紅甜椒、青椒。

3　加進汆燙去皮切碎的番茄，撒入鹽、胡椒調味，轉以小火燉煮。

4　小方塊的茄子、櫛瓜各別用橄欖油拌炒，移至網篩瀝出油脂。

5　混拌3、4、麵包粉和蛋黃，填裝至1的烏賊中。

6　製作醬汁。洋蔥切成薄片、紅蘿蔔切碎。番茄汆燙去籽切碎。

7　在鍋中加熱橄欖油，放入烏賊邊角碎肉拌炒。加入洋蔥和大蒜。

8　拌炒至洋蔥變透明後，倒入白酒，略略熬煮後，加入番茄。

9　在醬汁中放入填充好燉菜的烏賊，蓋上鍋蓋用小火煮至烏賊變軟。

10　取出烏賊，其餘的醬汁用圓錐形濾網過濾，用鹽和胡椒調整風味。水分過多時則略加熬煮。

完成

　將烏賊盛盤，澆淋醬汁。用橄欖油略略煎過的烏賊腳裝飾。

蒜味蛋黃醬

材料（方便製作的分量）

大蒜　6瓣
蛋黃　1個
馬鈴薯　1個
橄欖油　200cc
鹽、胡椒　各適量

1　用橄欖木或石製研磨缽內，搗碎大蒜。也可以用日本的磨缽和磨缽棒代替。

2　將以鹽水煮熟的馬鈴薯加入1當中，繼續研磨搗碎地混拌。

3　加入蛋黃混合，少量逐次地加入橄欖油，使其乳化。

4　成為膏狀，用鹽和胡椒調味。

LANGUEDOC-ROUSSILLON

朗多克-魯西永

DATA

蒙佩利爾
（Montpellier）

塞特（Sète）

卡卡頌
（Carcassonne）

尼姆（Nîmes）

佩皮尼昂
（Perpignan）

地理 位於法國南部、地中海沿岸西側的地方。北部有塞文山脈（Les Cévennes）、南方有庇里牛斯山，被山脈包夾並鄰近西班牙。

主要都市 朗多克有蒙佩利爾（Montpellier）、魯西永有佩皮尼昂。

氣候 整年都是溫暖、乾燥的氣候，也會受到山間冷風的吹拂。

其他 朗多克的意思是「說奧克語（Lenga d'òc）者之地」。

經典料理

Cassoulet de Castelnaudary
豬肉（腰內肉、腿肉、腱子肉、香腸、豬背脂），所組合的卡酥來砂鍋

Cassoulet de Carcassonne
以上食材，再加上羊腿肉、山鶉鵪的卡酥來砂鍋

Aubergines à la biterroise
火腿、絞肉、鹽漬豬肉等裝填至茄子後，放入烤箱烘烤

Artichauts à la carcassonnaise
白酒煮Violetto品種朝鮮薊（小顆蛋型的朝鮮薊）

Fritons
用鴨脂油炸切成小塊的鴨皮

Pâté de Pézenas
羔羊肉、腎臟，用檸檬皮、肉荳蔻、肉桂、紅糖（cassonade）等增添香氣製作的小型凍派

朗多克-魯西永是法國南部、沿地中海西側的寬大溫暖處。北部有塞文山脈（Les Cévennes）、南邊是庇里牛斯山，中央則是大平原，地理上呈現非常豐富的樣貌。北側稱為朗多克、南側則是魯西永，主要都市蒙佩利爾（Montpellier）位於朗多克海岸側。

該地與其他地中海沿岸地區同樣地歷史悠久，留有水道橋、圓形劇場等古羅馬時代遺跡的都市尼姆（Nîmes）；同樣是古羅馬時代的要塞都市，卡卡頌（Carcassonne）等，古城很多。因這樣的背景，飲食文化上也十分成熟，各地都有著名的料理或糕點。像是尼姆（Nîmes）的「焗烤鹽漬鱈魚」、卡卡頌有「卡卡頌的卡酥來砂鍋」、蒙佩利爾（Montpellier）的油炸點心「oreillette」等。

受惠於溫暖氣候，有山有海有平原的良好地理條件，多樣豐富的食材更是飲食文化發達的重要原因。白腰豆、茄子、橄欖、杏仁果、李子、櫻桃等蔬菜、水果、鮪魚、鱈魚、鯖魚、牡蠣、淡菜等魚貝類，還有鴨、鵝、羊、豬等家禽和家畜類，山間能捕獲的野味、蕈菇、河魚等等，無法一一列舉，特產品繁多。並且，橫跨普羅旺斯和朗多克的濕地卡馬爾格（Camargue）所生產的米、公牛肉，也

接近西班牙國境的漁村科利烏爾（Collioure）雖是以生產鯷魚聞名，但除此之外，還存留著古城和教堂等美麗的街景，深受馬諦斯等畫家的喜愛。

行經魯西永（Roussillon）南部，風光明媚庇里牛斯山的黃色小火車"Le Petit Train Jaune"。是歐洲最高標1600m的列車。

是當地非常受歡迎的食材，製作完成的就是稱為"加爾風味"的燉煮料理。還有豬血腸（boudin）等肉類加工食品的生產也很盛行。魯西永（Roussillon）的漁村，科利烏爾（Collioure）捕獲的鯤魚，以頂級品而聞名。

另外，此地也是葡萄酒的著名產地。石灰質的土壤、乾燥的天氣、充分的日照時間。受惠於栽植葡萄的良好條件，實際上生產的葡萄酒產量約占全法國的三分之一。起司，雖然不太多，但生產的葡萄酒以佐餐酒為主，種類眾多且豐富，還有葡萄栽植的副產品，蝸牛的收獲量也很高。

也因此，當地料理人部分會以大蒜、洋蔥、番茄和橄欖等作為組合，也多使用橄欖油。這個特色與普羅旺斯地方等鄰近地中海沿岸區域，深具共通性。南側的魯西永（Roussillon）在十七世紀曾是西班牙的領地，所以用砂鍋燉煮蔬菜和加工肉品的「Oeillade」或焦糖布丁（Crème brûlée）的原型「加泰隆尼亞布丁crema catalana」，類似西班牙加泰隆尼亞（Cataluña）的風格比比皆是。中心地區佩皮尼昂（Perpignan）的市區，像佐酒小菜（Tapas）等西班牙風格的店家，也隨處可見。

卡馬爾格的公牛 Taureau de Camargue（A.O.C.）
1996年取得A.O.C.認證。不作為當地盛行的鬥牛，而飼育作為食用牛，且未去勢的公牛。特徵是紮實的嚼感與風味。

布齊格的牡蠣 Huitre de Bouzigues
面對蒙佩利爾（Montpellier）西邊的拓湖（內海）城市布齊格，所捕獲的牡蠣。湖的北側設有相當多的牡蠣棚，是地中海沿岸最興盛的養殖場。

橄欖 Olive verte picholine（A.O.C.）
尼姆（Nîmes）是綠橄欖Picholine品種的一大產地，2006年獲得A.O.C.的認證。另外，尼姆也以生產橄欖油而著稱。

卡馬爾格的米 Riz de Camargue
卡馬爾格是法國主要的稻米產地，每年可收成11萬噸（精米7.5萬噸）。大多是長粒種和半長粒種，近年來也生產Japonica品種的稻米。

茄子 Auber
當地生產很多優質茄子。除了燉煮之外，加熱後的茄肉製成泥狀，混拌橄欖油等再塗抹於麵包上的吃法，也很受到歡迎。

● 起司

塞文佩拉東起司 Pélardon des Cévennes
由山羊奶製作的柔軟起司。不加壓，也不加熱。幾乎沒有表皮的緊實質地，帶著榛果的香氣。

尼姆新鮮起司 Fromage frais de Nîmes
以牛奶製作的新鮮起司。微微的酸味混著隱約的甜味。攤放在月桂葉上。

● 葡萄酒

朗多克丘 Coteaux de Languedoc（A.O.C.）
1985年取得A.O.C.認證。加布里耶（Cabrieres）、梅加內（La Mejanelle）等地區釀造。主要是紅葡萄酒。

里莫氣泡酒 Blanquette de Limoux（A.O.C.）
具氣泡的不甜白葡萄酒。以代代相傳的傳統手法，使其完全自然發酵釀造。

蜜思嘉 Muscat
天然的甜味白葡萄酒。在靠海地區弗龍提尼昂（Frontignan）所生產的弗龍提尼昂蜜思嘉（Muscat de Frontignan）（A.O.C.）等很有名。

塞特被稱為是"朗多克的威尼斯"，被拓湖（Étang de Thau）和地中海夾的水都。延伸至內陸的土魯斯（Toulouse），同時也是米迪運河（Canal du Midi）的出發點。

位於朗多克南方的沿海村落菲圖（Fitou），是朗多克最古老歷史的紅酒產地。1948年取得A.O.C.認證。

蒙佩利爾（Montpellier）是羅列著明亮色調建築的南法城市。有著中世紀作家拉伯雷（François Rabelais）曾就讀，法國最古老醫學院為前身的大學，是個學院城市。

焗烤鹽漬鱈魚
Brandade de morue

由朗多克位於東部古老城市尼姆（Nîmes）開始製作的一道料理，
將洗去鹽分的鹽漬鱈魚燙煮後攪碎，混拌橄欖油和牛奶是最原始的作法。
現在大多在原始作法中添加了大蒜、馬鈴薯，製作出味道豐富的成品，
可以直接食用，也可以將表面烘烤至上色後再享用。

鹽漬鱈魚　800g
牛奶　500cc
水　500cc
百里香、月桂葉　各適量
大蒜　6瓣
平葉巴西利莖　2枝
白胡椒（粗粒胡椒）　適量

馬鈴薯　3～4個
粗鹽　適量

香蒜油
├ 橄欖油　300cc
└ 大蒜　4瓣
鮮奶油　200cc
鹽、胡椒　各適量

蒜香脆麵包（Crouton）
長棍麵包（片狀）
大蒜
橄欖油　各適量

1　將牛奶、水、百里香、月桂葉、平葉巴西利莖，和去皮去芽對半切開的大蒜放入鍋中，蓋上鍋蓋，以中火加熱。加熱至沸騰後轉為小火。

2　待大蒜變軟，香草的香氣轉至液體後，加入粗粒白胡椒，依魚肉厚度依序地放入完成預備處理的鹽漬鱈魚（P240）。

3　邊注意避免沸騰地水煮（pocher）鹽漬鱈魚，取出置於方型淺盤上。覆蓋保鮮膜保存於溫熱的場所。

4　過濾3的液體。並且取出煮至柔軟的大蒜備用，加入後面馬鈴薯泥的製作。

5　在馬鈴薯等其他的材料準備（後述）完成時與之混合，剝除鹽鱈的魚皮。

6　除去中間骨魚、血合肉的部分，攪散魚肉。攪散後很容易冷卻變涼，所以必須儘速與以下的其他食材混拌。

7　其他材料的預備。馬鈴薯帶皮直接放在舖著粗鹽的方型淺盤上，用160～170℃的烤箱加熱40分鐘～1小時。

8　當竹籤可以輕易刺穿馬鈴薯時，就可以取出，趁熱仔細地剝除外皮，粗略地搗碎。

9　製作香蒜油。大蒜去皮去芽，分切成4～6等分，用低溫橄欖油避免上色地煮至香氣移至橄欖油中。

10　鮮奶油用小～中火熬煮至略有濃度，更加濃縮其風味。

11　攪拌機裝上葉型攪拌棒，將鹽鱈、馬鈴薯、4的大蒜放入缽盆中攪拌。

12　加入鹽和胡椒。再適度地加入香蒜油（也可視個人喜好地添加大蒜）和鮮奶油混拌，調整成滑順口感的膏狀。

13　用鹽和胡椒調整風味。

完成

填放至容器內，撒上帕瑪森起司（用量外，適量），放入200～220℃的烤箱，烘烤至表面上色為止。製作蒜香脆麵包。長棍麵包切成薄片，在切面塗抹大蒜，使蒜味移至麵包。塗抹上大量橄欖油，放入180℃的烤箱中烘烤至香脆。蒜香脆麵包盛放至其他容器一起上桌。

賽特鮮魚湯
Bourride de lotte à la sétoise

是沿海城鎮賽特的著名料理－魚湯。
雖然類似馬賽鮮魚湯（bouillabaisse），但並不使用番紅花。
在傳統製作上，煮汁當中添加的是番茄和蒜味蛋黃醬，
可以在番茄的酸味、大蒜的香氣中，同時品嚐到魚的鮮美風味。

材料（4人分）

鮟鱇魚（約1.2kg）　1條	調味蔬菜高湯
自製番茄糊	韭蔥　1根
（Tomato concassé）	紅蘿蔔　2根
├ 番茄　3個	洋蔥　2個
├ 洋蔥　1/2個	大蒜　2瓣
├ 橄欖油　1大匙	水、白葡萄酒　各1L
├ 香草束（→P227）　1束	
└ 鹽、胡椒　各適量	配菜
	紅蘿蔔　200g
蒜味蛋黃醬	馬鈴薯　4～5個
大蒜　30g	青豆　100g
馬鈴薯　1個	菠菜　150g
蛋黃　2個	奶油
橄欖油　150cc	鹽、胡椒　各適量

1 剝去鮟鱇魚皮，切下尾部。沿著背骨劃切，取下胸鰭和背鰭。

2 仔細切除覆蓋在表面的血合肉部分。

3 拭乾水分，切成3～4cm寬的圓筒狀。

4 製作自製番茄糊。用倒入橄欖油的平底鍋拌炒切碎的洋蔥，至軟化後加入汆燙去皮去籽切碎的番茄。

5 加入鹽、胡椒、香草束，以小火煮至全體融合。

6 製作蒜味蛋黃醬。壓碎去皮除芽的大蒜，加入鹽水燙煮的馬鈴薯，充分混拌。

7 加入蛋黃和橄欖油，混拌至乳化。

8 用中火加熱倒入調味蔬菜高湯的鍋子，放入削切成梭型（château）的紅蘿蔔。待水沸騰後，加入切成相同形狀的馬鈴薯，以及青豆。

9 放入撒了鹽和胡椒的鮟鱇魚，以微微沸騰的狀態水煮（pocher）。若此時鮟鱇魚高出液面時，則補足能覆蓋鮟鱇魚的水分（用量外）。

10 竹籤能輕易刺穿鮟鱇魚時，即可取出。蔬菜煮熟後取出，保存在溫熱的場所。煮汁過濾熬煮備用。

11 在另外的鍋中放入少量煮汁加熱。注意避免沸騰地邊混拌邊加入蒜味蛋黃醬。加入的蒜味蛋黃醬視濃度再進行調整，在12的步驟混合剩餘的煮汁時，再進行調整。

12 加入半量的自製番茄糊混拌，混合剩餘的煮汁。

13 在12中放入鮟鱇魚和蔬菜，用鹽和胡椒調味。

14 以奶油翻炒菠菜，用鹽和胡椒調味。

完成

炒好的菠菜部分放入容器底部，適度地盛放鮟鱇魚和菠菜。倒入用攪拌機攪打的煮汁，擺放上剩餘的自製番茄糊和菠菜。佐上澆淋橄欖油，以180℃的烤箱烘至香脆的長棍麵包片（用量外）。

香蒜湯
Aigo Boulido

大蒜與羅勒葉、鼠尾草等一同烹煮，利用蛋黃融合全體，
是口感較為清爽的湯品。體虛或宿醉時，成效非常。
浮在湯品表面的麵包片，交替盛放熱湯與麵包，是經典的作法。

大蒜　10瓣

月桂葉　1片

鼠尾草　2枝

橄欖油　80g

雞基本高湯（→P224。或水）　2L

蛋黃　4個

變硬的麵包（片狀）　16片

葛律瑞爾起司（Gruyère）　50g

鹽、胡椒　各適量

1　大蒜切碎，再用刀子按壓成泥狀。

2　在鍋中放入1，加入月桂葉、鼠尾草、鹽、橄欖油，用小火加熱至大蒜全熟。

3　煮沸雞基本高湯或水，倒入2當中，便其沸騰後，保持略微沸騰的狀態，煮至大蒜變軟。

4　從3當中取出月桂葉、鼠尾草，用攪拌機攪打，加入蛋黃混拌。用鹽和胡椒調味。

5　在容器內交互地放入烤過的麵包和4，撒上磨削成粉的葛律瑞爾起司，用明火烤箱（salamandre），烘烤至表面上色。趁熱上桌享用。

CHAMPAGNE ET FRANCHE-COMTÉ

香檳、法蘭琪-康堤

DATA

蘭斯（Reims）
朗格勒（Langres）
貝桑松（Besançon）

地理　位於法國東北部的內陸地方。北是塞納河（Seine）和馬恩河（Marne）流經的平原，南是擁有翁鬱森林、孚日山脈（Massif des Vosges）的山麓地區。與比利時和瑞士相鄰。

主要都市　香檳區是蘭斯（Reims）、法蘭琪-康堤是貝桑松（Besançon）。

氣候　大致是涼冷的天氣，但因位處內陸，冷熱溫差劇烈。夏季濕度高。

其他　十七世紀的修道士－唐培里儂（Dom Pérignon）創出香檳的製作法。

經典料理

Potée champenoise
鹽漬豬五花肉、香腸、白腰豆、調味蔬菜的燉煮。食用前加入香檳

Soupe au vin
以葡萄酒、麵粉油糊、牛或雞高湯製作，葡萄酒風味的湯品

Gratin de poireaux franc-comtois
鮮奶油和康堤起司（Comté）的韭蔥焗烤

Mont d'Or chaud
倒入阿爾布瓦（Arbois）的不甜葡萄酒，溫熱溶化的金山起司（Mont d'Or）與馬鈴薯一同享用

Croûte au bleu de Gex / au morbier
飽含白葡萄酒的麵包，澆淋上起司烘烤而成

Fondue franc-comtoise
以大蒜塗抹過的鍋子加入康堤起司、汝拉省（Jura）產的白葡萄酒、櫻桃酒煮至溶化的起司鍋

香檳地區，位於法國北部，以生產同名葡萄酒而聞名。主要城市蘭斯，從五世紀開始就是法國國王進行加冠儀式的古老美麗城市。香檳地區，北部銜接比利時國境、沿著馬恩河往東南方向則是與瑞士、德國交界的法蘭琪-康堤。此地有露出侏儸紀時期石灰岩的汝拉山脈（Jura）等，是高山連綿的山岳地帶。主要產業是時鐘、精密機器的生產以及木工業，首府的貝桑松（Besançon）以舉辦音樂競賽而聞名。此外，北部的廊香（Ronchamp）有近代建築師勒·柯比意（Le Corbusier）所設計的廊香教堂（Notre-Dame-du-Haut）。

香檳區至法蘭琪-康堤，大致是大陸型氣候。冬季嚴寒、夏季酷熱，時有雷雨。這樣極端的氣候，以及多高山、貧瘠土地較多等情況，使得農業－特別是蔬菜的栽植相當缺乏。原本還有櫻桃、酸櫻桃（Griottine）等水果的栽種，但這些都作為櫻桃酒等釀酒之用，新鮮的蔬菜、水果幾乎不可見。取而代之的是在山裡採收的蕈菇、野味、河魚，或是家禽、家畜。菇類方面，羊肚蕈特別豐富，野味則有鴿子、山豬、鹿；河魚則以鱒魚、鰻魚為主。螯

第一次世界大戰，馬恩河戰役的紀念碑。突破比利時、揮軍巴黎的德國軍隊，在香檳地區的馬恩河岸遭到法國軍隊阻擋。

遠處可見的是蘭斯（Reims）附近十二世紀所建的教堂。旁邊一整面開闊的葡萄園，正是香檳的釀造之處。

康堤起司生產中心，連博物館都齊備的波利尼（Poligny），位於貝桑松（Besançon）西南的城市。很靠近以葡萄酒聞名的阿爾布瓦（Arbois）。

蝦、青蛙、蝸牛，雖然現在數量大為減少，但都曾是當地的名產。

此外，肉類加工食品和起司也很多。肉類加工食品當中，以法蘭琪-康堤東部城市蒙貝利亞（Montbéliard）或莫爾托（Morteau）產的燻製火腿、香腸等聞名。當地因嚴寒冬季，所以自古即有製作肉類加工食品保存的習慣，燻製品的保存性較高，所以是當地非常重要的製作方式。另一方面，起司就如前面所提到，從羅馬時代就開始製作的大型"康堤起司Comté"。號稱是法國生產量最多的起司。這些著名的起司多是以牛奶製成，這是因為此地飼養了很多蒙貝利亞Montbéliarde品種的乳牛。

關於葡萄酒，有不少具個性化的產品。像是香檳地區的名產氣泡式"香檳"。或是法蘭琪-康堤成熟後採收的葡萄，經過6年熟成釀造出獨特金黃色的Vin jaune（黃色葡萄酒）。這款葡萄酒是使用620cc容量的特殊瓶裝。並且在法蘭琪-康堤的葡萄酒當中，由位於中央的汝拉（Jura）所釀造，汝拉從中世紀開始就是古老的葡萄酒產地。

羊肚蕈 Morille
又稱作編笠茸。深茶色的網狀傘帽是其特徵，具有特殊的香氣。採收期是早春的3～4週間。其他時節則是以乾燥狀態流通。

熊蔥 Ail des ours
又稱作野韭菜或熊蒜，與韭菜十分近似。切碎後混拌白起司（Fromage Blanc），直接與沙拉等搭配食用。

蝸牛 Escargot
在當地，可以採集到大量黃褐色、帶著茶色條紋外殼、勃艮第（Bourgogne）品種的蝸牛。用加入香草的奶油烘烤享用，是最經典的方法。

熟的粗粒玉米粉 Farine des gaudes
玉米炒後碾磨成粉，曾經是當地重要的食材。可做成稱為「Gaude」的粥狀料理，或將其冷製凝固後煎等，其他也可用在法式烘餅上。

莫爾托香腸 Saucisse de Morteau
在接近瑞士國境的城市莫爾托（Morteau）所製作的煙燻香腸。被稱作「Jésus」的煙燻香腸，是粗且短的形狀。

● 起司

沙烏爾斯起司 Chaource（A.O.C.）
香檳地區的沙烏爾斯（Chaource）生產的牛奶起司。1970年取得A.O.C.認證。表面覆蓋著白黴、柔軟，隨著熟成更加入口即化。

康堤 Comté（A.O.C.）
夏季以牛奶製作，康堤（Comté）地方的代表起司。熟成時間是4～12個月，隨著熟成起司也會產生孔洞。未被A.O.C.認證的稱為「葛律瑞爾起司Gruyère」。

壺山起司 Vacherin du Mont d'Or
牛奶製作的洗浸起司，以放入樅樹木箱內的狀態上市，冬季生產。通稱金山起司（Mont d'Or）。熟成時中央處非常軟稠，可以用湯匙舀起食用。

● 葡萄酒

香檳 Champagne
香檳地區特產的氣泡式葡萄酒。會因為在瓶內二次發酵而產生氣泡。主要產地是蘭斯山區（Montagne de Reims）、馬恩河谷（Vallee de la Marne）等。

黃色葡萄酒 Vin jaune
甜味帶著堅果香的黃色葡萄酒。以完全成熟的薩瓦涅（Savagnin）品種葡萄為原料，經過六年以上酒桶熟成釀造。可保存100年以上，但一開瓶也會很快變質。

麥桿葡萄酒 Vin de paille
採收的葡萄放置在稻桿上晾乾，使其發酵後在桶中經過二～八個月的熟成。有強烈甜味、口感滑順。可長期保存，也很適合搭配甜點。

流經與瑞士國境交接處的杜河（Doubs），落差27m的"杜河瀑布"。是非常受歡迎的觀光景點，從鄰近的維萊勒拉克（Villers-le-Lac）也有遊覽船可搭乘。

法蘭琪-康堤的北部呂克瑟伊萊班（Luxeuil les Bains）的溫泉設施。當地自古以來一直是著名的溫泉療養地之一，至今仍有許多人前往渡週末。

靠近勃艮第，位於香檳區南部的朗格勒（Langres），是被3.5m高的城牆所環繞的美麗城市。同名洗浸起司的生產也廣為人知。

黃葡萄酒和羊肚蕈的小牛胸腺
Ris de veau au vin jaune et aux morilles

小牛在喝母乳期間才會有的臟器－小牛胸腺，
將其香煎搭配使用該地特產的甜味葡萄酒 "黃色葡萄酒vin jaune" 和羊肚蕈製成的醬汁。
胸腺是非常細膩柔和的風味，但有著內臟特有的腥味，
所以在香煎前，必須仔細地預先燙煮備用。

小牛胸腺（約200g）　4個
預先燙煮
├ 月桂葉
├ 杜松子
└ 百里香　各適量
麵粉
清澄奶油
奶油
鹽、胡椒　各適量

配菜・醬汁
羊肚蕈（乾燥）　50g
紅蔥頭　1個
奶油　適量
黃色葡萄酒（vin jaune）　200cc
牛高湯（→P226）　300cc
鮮奶油　100cc
鹽、胡椒　各適量

馬鈴薯泥（→P247）　適量

1　預先處理好的小牛胸腺（P237），用廚房紙巾拭乾水分，撒上鹽。也可視個人喜好片切小牛胸腺。

2　為使盛盤時朝上的表面（選擇裂紋較少、表面較平滑的面即可），能香煎出漂亮的色澤，僅單面蘸上麵粉。

3　在平底鍋中放入清澄奶油，充分加熱後，蘸上麵粉的那一面朝下放入小羊胸腺，以中火香煎。

4　待煎成金黃色澤時，翻面煎另一側。加足奶油。

5　待奶油融化後，適度地澆淋（arroseur），用中火完成香煎。融化奶油保持隨時有白色慕斯狀的泡沫程度，即為理想狀態。

6　香煎出金黃色後，取出，擺放在舖有廚房紙巾的方型淺盤上，除去多餘的油脂。撒上胡椒。

7　乾燥羊肚蕈用水充分清洗除去髒污後，以水還原，切成適當大小。還原水留待備用。

8　紅蔥頭切碎。

9　在鍋中放入20g奶油以中火加熱，加進羊肚蕈和切碎的紅蔥頭拌炒。撒入1小撮鹽和胡椒。

10　在羊肚蕈中加入黃色葡萄酒，略略熬煮，加入7的羊肚蕈還原水約100cc。

11　用小火熬煮，適度地撈除浮渣。

12　加入牛高湯，再繼續熬煮至產生濃稠後，加入鮮奶油熬煮。撒入胡椒。

13　完成加熱後，用網篩過濾，將羊肚蕈與湯汁分開。羊肚蕈直接作為配菜使用。

14　醬汁加入10～20g奶油，用手持攪拌棒（Blender）充分混拌，並以鹽、胡椒調味。

完成

將小牛胸腺和羊肚蕈盛盤，倒入大量醬汁。馬鈴薯泥裝在其他容器一同上桌。

康堤風味蔬菜燉肉
Potée comtoise

"**Potée**"就是高麗菜等蔬菜和肉類混合燉煮的燉肉鍋（**pot-au-feu**），
在法國各地都有不同的變化組合。
在康堤地方的燉肉鍋，除了鹽漬肉類和高麗菜等蔬菜之外，
特徵就是使用了特產的煙燻粗香腸"莫爾托香腸**Saucisse de Morteau**"。

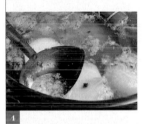

豬帶骨五花肉（鹽漬*）　400g

豬五花（鹽漬*）　400g

豬肩五花（鹽漬*）　400g

莫爾托香腸（Saucisse de Morteau）　4根

洋蔥　2個

韭蔥　3根

蕪菁　4個

馬鈴薯　8個

紅蘿蔔　2根

皺葉包心菜　1顆

香草束（→P227）　1束

丁香　2個

水

粗鹽、鹽

黑胡椒、胡椒　各適量

＊鹽漬的方法請參照「鹽漬豬肉（P155）」。

1　肉類分切成大塊，豬五花肉和豬肩五花肉避免煮散地先用綿線綁縛。帶骨五花肉分切成2～3等分，可放入鍋中的大小。

2　將1放入鍋中。

3　接著放入刺入丁香對半分切的洋蔥、對半切開的紅蘿蔔、香草束至深鍋中，倒入足以淹蓋食材的水分，加熱。加入粗鹽和胡椒。

4　待沸騰後，撈除浮渣。轉為小火，燉煮2小時，過程中，常常撈除浮渣。水分減少，食材露出水面時，請補足水分。

5　期間預備其他蔬菜。蕪菁和馬鈴薯去皮，浸泡在水中。

6　清潔韭蔥，將兩根一起用綿線綁縛。

7　皺葉包心菜分成4塊，去芯備用。

8　將馬鈴薯、韭蔥、皺葉包心菜以及切成適當大小的莫爾托香腸放入4當中，繼續烹煮。

9　當8加入的食材煮至半熟時，放入蕪菁，補足鹽和胡椒。當蕪菁完全熟透時，即已完成。加熱所需的時間，全部約3小時。

完成

　食材切成適當大小，盛放至深盤中。過濾煮汁後倒入盤內。

聖默努風味的豬腳
Pieds de porc à la Sainte-Ménehould

豬腳連同調味蔬菜、白葡萄酒一起熬煮數小時後，沾裹麵包粉炸至酥香。
酥脆外皮和軟爛豬腳的對比口感，是令人心情愉悅的一道料理。
這是法國大革命時，路易十六逃亡至瓦雷訥（Varennes）時，
所經之地的著名料理。

豬腳　4隻
紅蘿蔔　1根
洋蔥　1個
西洋芹　1根
白葡萄酒　500cc
水
百里香、月桂葉
粗鹽、黑胡椒粒　各適量

麵粉　適量
全蛋　3個
沙拉油　2大匙
麵包粉（乾燥）
融化奶油
芥末籽醬　各適量

1　除去豬腳的髒污，先燙煮並丟棄燙煮的熱水。豬腳兩兩貼合地用
　　綿線綁縛。

2　在直筒圓鍋中放入1和大量的水、對切的紅蘿蔔、洋蔥、切成適
　　當大小的西洋芹、百里香、月桂葉、白葡萄酒、黑胡椒粒、粗
　　鹽，用小火加熱3～4個小時。

3　取出豬腳，瀝乾水分，用保鮮膜包捲整型。放入冰水中，使豬腳
　　緊實後，再剝除保鮮膜。

4　在豬腳表面撒上麵粉，沾裹上全蛋和沙拉油混合液，再均勻撒上
　　麵包粉。

5　澆淋上大量融化奶油，放入180℃的烤箱中烘烤約30分鐘。過程
　　中，若融化奶油不足時，再適度補入。

6　待烘烤至上色後，取出，盛盤。芥末籽醬放入其他容器內一同
　　上桌。

小牛基本高湯
Fond de veau

保存方法 置於常溫中完全冷卻後，放入密閉容器內，冷藏保存。夏季室溫較高時，墊放冰水使其儘速冷卻，之後放入冷藏保存。
保存期限 冷藏1週、冷凍3個月

材料（完成量3～4L）

小牛骨　3kg
紅蘿蔔　150g
洋蔥　150g
韭蔥（綠色部分）　1根
大蒜（帶皮）　1顆
西洋芹　1根
番茄　3個
香草束（→P227）　1束
黑胡椒粒　10g
水　約5L

是購買業者已經處理分切好的小牛骨。不需水洗即可直接使用。

紅蘿蔔、洋蔥、番茄切成大塊，韭蔥和西洋芹縱向對切，再切成適當的長度，以綿線固定，大蒜橫向對切。

1 小牛骨攤放在烤盤上，用220～230℃的烤箱烘烤。

2 過程中，不斷地改變骨頭的方向，避免烤焦地使骨頭均勻地確實呈現烤色。

3 在直筒圓鍋中放入烤過的小牛骨、紅蘿蔔、洋蔥、韭蔥、西洋芹、大蒜、香草束、黑胡椒粒，加水。用大火加熱。

4 待沸騰後撈除浮渣，加入番茄，以小火熬煮約12小時。

5 待食材的美味充分釋出後，用圓錐形濾網過濾。

6 過濾時，避免湯汁殘留地不斷用木杓翻拌。

7 放回鍋中，再次加熱至沸騰，撈除浮渣，完成製作。

白色雞基本高湯
Fond blanc de volaille

保存方法 置於常溫中完全冷卻後，放入密閉容器內，冷藏保存。夏季室溫較高時，墊放冰水使其儘速冷卻，之後放入冷藏保存。
保存期限 冷藏5日、冷凍3個月

材料（完成量2L）

雞骨架　1kg
雞翅　500g
紅蘿蔔　100g
洋蔥　150g
韭蔥（綠色部分）　1根
大蒜（帶皮）　2瓣
西洋芹　1根
丁香　1個
水　約3L
香草束（→P227）　1束
白胡椒粒　2.5g

除了購買的雞骨架之外，也可以加入烹調預備處理時切下的雞骨架、雞翅、雞腳等。

蔬菜，為避免在高湯中上色地將其切成大塊。紅蘿蔔和洋蔥對半切，丁香刺入洋蔥當中。韭蔥和西洋芹切成適當的長度，以綿線固定。大蒜帶皮壓碎。

1 除去雞骨架中殘留的內臟等，並沖水至血水完全洗淨。

2 將1切成大塊。雞翅也切塊。

3 在直筒圓鍋中放入雞骨架和雞翅，加水，以中火加熱。

4 煮至沸騰後，撈除浮渣和浮起的油脂，改以小火。過程中適度地清潔鍋壁。

5 放入其餘材料，熬煮1～1個半小時。

6 過程中，仔細地撈除浮渣。

7 完成後用圓錐形濾網過濾。

8 放回鍋中，再次加熱至沸騰，撈除浮起的油脂和浮渣，完成製作。

魚鮮高湯
Fumet de poisson

保存方法 置於常溫中完全冷卻後，放入密閉容器內，冷藏保存。夏季室溫較高時，墊放冰水使其儘速冷卻，之後放入冷藏保存。

保存期限 冷藏3日、冷凍3個月

材料（完成量2L）

白肉魚骨（比目魚、鰈魚、
　　牙鱈merlan等）　1kg

奶油　60g

洋蔥　160g

紅蔥頭　40g

韭蔥（白色部分）　120g

洋菇　40g

香草束（→P227）　1束

白　或黑胡椒（依個人喜好）
　　（粗粒胡椒）　5g

水　約3L

白肉魚骨，除了魚鰭、魚鰓，全部可以使用。牙鱈是鱈科的魚。

因加熱時間較短，所以全部的蔬菜都切成薄片。在切洋菇前，先仔細地除去黑色的部分。

1 白肉魚骨,用水沖洗至血水完全洗淨,瀝乾水分切成大塊。

2 在直筒圓鍋中放入奶油加熱,加入洋蔥、紅蔥頭、韭蔥,以小火拌炒至出水(suer)。

3 加入白肉魚骨和香草束,避免上色地拌炒至食材軟化。

4 加水,加熱至略微沸騰之狀態時,加入洋菇,以小火加熱20～25分鐘。過程中,撈除浮渣。

5 離火,添加胡椒,靜置10分鐘使香味滲入。

6 用兩個層疊的圓錐形濾網,中間夾入濾油紙(不織布材質)過濾。當網孔阻塞時,適度地更換濾油紙,過濾2次,完成製作。

調味蔬菜高湯
Court bouillon

保存方法 短時間可以製作的高湯,基本上不先製作保存。

材料(完成量2L)

紅蘿蔔	200g
洋蔥	200g
西洋芹	50g
大蒜(切半)	2瓣
百里香	1枝
月桂葉	1片
白葡萄酒	400cc
水	約2L
粗鹽、胡椒粒	各適量

1 為使紅蘿蔔、洋蔥、西洋芹能充分釋放出風味地切成薄片。

2 在直筒圓鍋中放入所有的材料後,煮至沸騰。

3 保持略微沸騰之狀態約煮30～40分鐘,至蔬菜的香氣充分釋出時,熄火。

4 用圓錐形濾網過濾。

牛高湯
Bouillon de bœuf

保存方法 置於常溫中完全冷卻後,放入密閉容器內,冷藏保存。夏季室溫較高時,墊冰水使其儘速冷卻,之後放入冷藏保存。

保存期限 冷藏1週、冷凍3個月

[其他的利用方法]
除了澄清高湯,完成牛肉清高湯之外,也可以在牛肉清高湯中添加明膠,作成清高湯凍。相較於基本高湯,清高湯味道更加濃郁,所以能運用在想要彰顯風味的醬汁時。

材料（完成量2L）

牛肩肉　500g
牛尾　1/2根
牛骨　500g
牛前段五花肉　500g
紅蘿蔔　2根
洋蔥　1個
西洋芹　1根
韭蔥　1根
大蒜（帶皮）　1/2顆
香草束（→P227）　1束
丁香　1個
水　4.5～5L
粗鹽、胡椒粒　各適量

1 洋蔥帶皮橫向切半，用平底鍋將切面煎烤上色，刺入丁香。大蒜同樣切半煎烤上色。

2 紅蘿蔔縱向對切。韭蔥、西洋芹縱切對切，用綿線綁縛。

3 在直筒圓鍋中放入牛肉、牛骨和水，煮至沸騰後撈除浮渣。加入所有的調味蔬菜、香草束、粗鹽、胡椒粒，再次煮至沸騰，撈除浮渣。

4 轉為小火，邊撈除浮渣邊保持略微沸騰之狀態約煮3～4小時。

5 避免湯汁混濁地用圓錐形濾網，少量逐次地過濾。再煮至沸騰，撈除浮渣。

香草束
Bouquet garni

用於基本高湯或湯底、燉煮料理等，以增添香氣。

材料（1束的分量）

韭蔥（綠色部分）　1片
西洋芹葉　少量
百里香　1枝
月桂葉（小）　1片
平葉巴西利的莖　1～2根

1 韭蔥的葉子，切出8～10cm長。其他的材料都切成可以收入韭蔥葉內的長度，用韭蔥葉片包捲。

2 在一端用綿線綁縛後，不剪斷綿線地捲至另一端。

3 避免在烹調過程中散開地仔細綁縛。

4 完成的狀態。

也可以配合料理的需求，在其中放入柑橘皮等，改變香草束的材料。

馬德拉醬汁
Sauce madère

→ 白煮蛋的復活節酥皮肉派　P64

材料

紅蔥頭（小）　2個
馬德拉酒　200cc
小牛基本高湯（→P224）　300cc
奶油
鹽、胡椒　各適量

＊藉由改變使用的酒類，如葡萄酒、干邑白蘭地等，就可以製作出搭配料理的各式醬汁。

1 切碎的紅蔥頭與馬德拉酒一起放入鍋中。

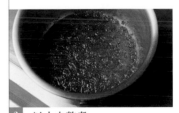

2 以小火熬煮。

3 待水分收乾後，加入小牛基本高湯。

4 再繼續熬煮，待濃稠後離火，用鹽、胡椒調味。以圓錐形濾網過濾。

5 加入奶油提香並增添滑順度（monter），完成具光澤且口感滑順的醬汁。

油醋醬
Sauce vinaigrette

→ 勒皮產扁豆、豬鼻、豬腳、豬耳朵的沙拉　P152

材料

紅酒醋　15cc
沙拉油　30cc
黃芥末醬　1大匙
鹽、胡椒　各適量

＊油和醋的比例標準約是1：3。想要抑制酸味時，可用1：4，反之想要更具酸味時，可改作1：2。依個人喜好、混合的材料不同，添加的醋、油種類不同，可以變化出各式各樣的組合。

1 在缽盆中放入黃芥末醬、醋、鹽、胡椒，用攪拌器攪打混拌。

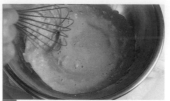

2 將沙拉油少量逐地在加入1當中使其乳化。避免混拌不均地完成口感滑順的醬汁。

南迪亞醬汁
Sauce Nantua

→ 里昂風味魚漿丸在南迪亞醬汁　P158

材料

螯蝦的醬汁
- 螯蝦　20隻
- 沙拉油　適量
- 紅蔥頭　3個
- 洋蔥　1個
- 西洋芹　1/2根
- 香草束（→P227）　1束
- 干邑白蘭地　2大匙
- 番茄糊　2大匙
- 魚高湯（→P225）　1L

貝夏美醬汁
（sauce béchamel）
- 奶油　40g
- 麵粉　40g
- 牛奶　500cc
- 鹽、胡椒、肉荳蔻　各適量
鹽、胡椒、奶油　各適量

1 從螯蝦5片尾巴中間的1片拉出泥腸。

2 在平底鍋中倒入沙拉油，邊晃動鍋子邊用大火拌炒螯蝦。

3 待蝦殼變成鮮艷的紅色時，以網篩撈出瀝去油脂，放入底部平坦的容器內，以擀麵棍搗碎。再放回鍋中拌炒。

4 紅蔥頭、洋蔥、西洋芹切碎（調味蔬菜Mirepoix），連同香草束一起加入3拌炒。倒入干邑白蘭地、溶於少量魚高湯的番茄糊。

5 加入剩餘的魚高湯，煮沸。

6 仔細撈除浮渣，邊清潔鍋壁邊用小火熬煮20分鐘。

7 將產生濃度的螯蝦醬汁移至較深的容器內,以手持攪拌棒攪打,粉碎蝦殼。

8 攪拌完成的狀態。

9 湯杓持續按壓地以圓錐形濾網過濾。

10 在鍋中混合奶油和麵粉充分拌炒,再加入牛奶製作的貝夏美醬汁,用鹽、胡椒、肉荳蔻調味。少量逐次地與9混拌。

11 以小火加熱,用鹽和胡椒調整風味。待產生濃度時,移至果汁機,加入奶油攪打。

12 再次以圓錐形濾網過濾。

13 完成。

魯耶醬
Rouille

→馬賽鮮魚湯　P198

材料

鷹爪辣椒(除籽)　1根
大蒜(大/切碎)　2瓣
鹽、胡椒　各適量
馬鈴薯(小)　1個
蛋黃　1個
番紅花　1小撮
鮮魚湯的煮汁(→P198)
　適量
橄欖油　50~80g

1 鷹爪辣椒略為燙煮至柔軟備用。在研磨缽中放入鷹爪辣椒和大蒜,仔細地搗碎。

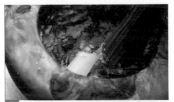

2 加入水煮馬鈴薯,邊搗碎邊使其混合。

3 加入蛋黃,繼續混合。

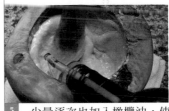

4 適量的加入浸泡了番紅花的鮮魚湯,使其成為滑順狀態。

5 少量逐次也加入橄欖油,使其乳化成略硬的膏狀。

6 完成。

雞的分切方法（布雷斯雞）

→ 紅酒燉雄雞＊　　P72
→ 巴斯克風嫩雞佐香料飯＊　　P96
→ 螯蝦風味的布雷斯嫩雞　　P162

※「螯蝦風味的布雷斯嫩雞」以外，使用的是一般的雞肉。分切方法相同。

1 布雷斯雞是A.O.C.認證的。經嚴格的管理飼育，擁有濃郁美味及彈性的肉質。左腳上掛有生產者的識別標章。

2 一般市面上售販是已經去頭去內臟的狀態。表面若殘留雞毛時，可用噴鎗燒炙，再用乾布擦拭。

3 從雞腿翅和雞翅的關節切開，同樣的腿部也由關節切斷。

4 切開雞頭頸處，用刀子劃入Y形骨（fourchette）的周圍，拆卸取下。也切除頭頸周圍多餘的雞皮和脂肪。

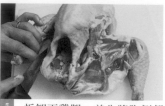

5 拆卸下雞腿。首先將胸側朝上，從兩腿的根部內側劃切，開向外側。

6 翻面，在背部中央劃入切口。

7 由切口入刀，沿著骨架，取下雞腿。在腿根處如研磨缽狀般的骨頭內側是最美味的部位－腰眼肉（Sot-l'y-laisse）也取下。另一側的雞腿也一樣。

8 拆卸雞胸肉。胸側朝上，首先從胸骨的兩側劃切，沿著從胸骨連至身體的方向劃切。另一側也同樣進行。

9 清理雞小腿骨頭的周圍，整理形狀，除去多餘的雞皮。考量到視覺上的美觀，骨頭前端切除。肉的部分再用刀子切分成2片。

10 刀子由腿骨關節處插入，分切腿上端肉（cuisse）及腿下端肉（Pilon）。除去上端肉中間的骨頭。

11 分切完成。腿下端肉（照片右邊）略將骨頭邊緣推出，拔除翅膀中段（同左）的細骨，粗的骨頭略推出，調整形狀。

12 骨頭或骨架切小塊，用於製作醬汁增加濃郁度。

綠頭鴨的預備處理

→ 綠頭鴨的法式肉凍派　　P70

1 真鴨也稱作綠頭鴨。購買時，會連帶著青綠色的頭。

2 用刀子從腿翅和翅膀的關節切開。同樣的腿部也由關節切斷。

7 沿著從胸骨連至身體的方向，從頭頸處朝尾端切開胸肉。另一側的胸肉也同樣進行。

12 完成切分。內臟由左起肺臟、心臟、肝臟。前方的肉，左邊是腿肉，右邊是胸肉。

3 切開頭頸部的表皮，由頸根處切落頭頸。切去頭部，其餘可用於原汁（jus）等。

8 上下倒置，連同翅膀完全切下。

4 切除尾錐皮脂腺周圍的肉。拆卸下腺肉。將胸部朝上放置，刀子從大腿內側切至某個程度後，翻面，從背部將其切開。

9 切下連在胸肉上的翅膀。

雛鴨的預備處理和綁縛

→ 香烤沙朗產雛鴨佐奶油時蔬
　　P12

綁縛的針：用於縫合、固定家禽類時，使用的是略粗（1～3mm）的針，長20～25cm。為使線能穿過地留有針孔，使用的是風箏用的綿線。

5 拉開頭頸開口，用刀子劃入Y形骨（fourchette）的周圍，拆卸取下Y形骨。

10 剪刀插入在肋骨側，剪開。

1 用噴鎗燒炙雛鴨表面，用乾布擦拭。

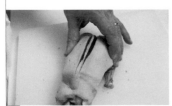

6 拆卸胸肉。沿著胸骨的兩側劃切。

11 由身體骨架中，適度地清潔內臟並取出。

2 剝開頭頸處，推出頸部。

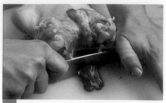

3 從頸底部切下頸脖。

4 除去食道和頭周圍的脂肪。

5 背朝下地放置，從頭頸開口處用刀子劃入沿著Y形骨（fourchette）劃入骨頭兩側。

6 是很細的骨頭，所以小心不要折斷地輕輕拉出拆卸取下。

7 將殘留在腹部的內臟清理乾淨。在腹部撒入較多的鹽和胡椒。

8 從腿翅和雞翅的關節處劃入，切下。

9 雛鴨背部朝上，取下鴨尾三角的2處皮脂腺（gland）部分。皮脂腺是白色豆粒形狀。先縱向劃切。

10 待看見皮脂腺後，劃切其周圍，用刀子挑出皮脂腺，連同上方的鴨皮一起切除。

11 將頭頸部的皮反折拉至背部。

12 胸部朝上。從腿部側面開始刺入縫針。腿骨和腿骨之間形成〈字形，從中間凹陷處刺入。

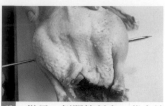

13 從另一側關節刺出，藉由綿線固定腿肉。綿線預留多些長度。

14 綿線不切斷地從背上翅膀底部刺入。

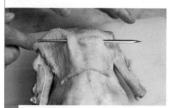

15 邊將頭頸部的皮向背拉緊，邊將針刺入頭頸部和背部的表皮，將之縫合。

16 縫針刺穿另一側的翅膀底部。切斷線，與13留下的長端打結固定。

17 尾部的肉按壓至尾端空洞處。

18　邊固定尾部的肉，邊用縫針刺穿腳和尾部。

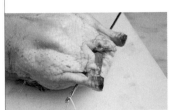

19　縫針刺穿至另一邊的腿側。

20　胸部朝上，縫針刺穿胸肉前端表皮。

21　使胸部表皮拉緊地將兩腳併攏，確實用綿線兩端綁緊。

鴿子的預備處理

→ 先烤後燉的鴿肉野味　　P87

1　鴿子1隻約400g左右。表面若殘留細毛時，可用噴鎗燒炙，再用乾布擦拭。

2　從腿翅和翅膀間的關節切開，同樣的腿部也由關節切斷。

3　在頭頸處劃入切口，掀開表皮，從頸底部切下頸脖。

4　從尾部開口處用手指挖出裡面的脂肪塊和內臟。

5　胸側朝上，用刀子從腿根處內側劃切。

6　直接從背部切入，拆卸取下腿部。此時，預先在背部中央劃入切口，就能俐落地取下腿肉了。另一側腿肉也同樣方法取下。

7　除去腿根至關節的骨頭，並切去多餘脂肪。

8　展開頭頸處的表皮，除去當中的脂肪，拆卸取下Y形骨（fourchette）。

9　取下胸肉。首先在胸骨的兩側劃切。

233

10 用刀子沿著從胸骨連至身體的方向劃切,切下胸肉。另一側的胸肉也重覆同樣步驟。

11 身體骨架,用剪刀從肋骨側面剪開,取出中間血塊。

12 分切完成。由左起各是翅膀、Y形骨、帶腿翅的胸肉、右邊是腿肉。中央是剪開的骨架。

2 若仍有內臟時,從尾端取出內臟。除去頭頸內側的脂肪塊和Y形骨(fourchette)。

3 在腿根處劃入切口,用手拉開關節,切開兩側的腿肉。從胸骨兩側劃入切口,取下兩側胸肉。

4 腿肉在關節處切開,雞肉斜切成2等分,除去多餘的脂肪。清理帶骨肉,露出骨頭前端。

2 刀子在背骨和肋骨相交處劃入,邊敲扣刀背邊向下切入,切下背骨。

3 切除背骨後的狀態。

4 切除背骨後,也切除粗大的筋膜。

5 刀子在肋骨和覆蓋腹側的薄膜間劃入,切除腹膜。

珠雞的分切方法

→ 奧日河谷風味珠雞　P20

1 用噴鎗燒炙珠雞表面殘留的細毛,用乾布擦拭後,切去翅膀和翅尖。

羔羊帶骨背肉的預備處理

→ 尚普瓦隆風味羔羊鍋　P38

1 首先削切背骨外側的肉,切除背骨。刀子在背骨和肉的間隙中劃切,使骨頭與肉剝離。

6 邊拉直腹膜邊將其切除。羔羊的脂肪有強烈腥羶味,所以必須仔細地用刀子處理。

234

7 拉除覆蓋在背側羊肉表面的脂肪。

12 完成狀態。

4 取下雙腿根部多餘的骨頭。

8 取出背側半月形的軟骨。

青蛙的預備處理

→ 香煎蛙腿肉佐大蒜鮮奶油和綠醬汁
  P126
→ 麗絲玲風味的蛙腿慕斯
  P135

5 切除蛙腳。

9 在肋骨前端3～4cm處劃入切口。

1 青蛙購入時帶著背骨及雙腿的狀態。

6a 用於香煎（poêlé）等烹調時，將腿前端骨頭周圍的肉清理成漂亮的形狀。

10 翻面，在肋骨側也同樣地劃入切口，切除骨頭周圍的肉。

2 切下背骨。

6b 用於慕斯等烹調時，用刀子劃入腿肉和腿骨間，逐漸轉動使其骨肉分離。骨頭也可以取下用於醬汁的製作等。

11 用刀子削去肋骨前端的肉和薄膜，仔細乾淨地清理。

3 從雙腿根部切下。

兔子的預備處理

→ 紅酒燉煮兔肉　P.168

1　兔子剝除外皮的狀態。本書使用飼育的法國產兔肉。

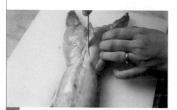

2　將兔子腹部朝下地放置，刀子沿著骨盆在後腿根處劃入。

3　另一側的後腿也同樣地劃入。

4　翻面，內側也同樣用刀子劃入，將後腿向外側切開，卸下關節，切開腿肉。

5　分切的腿肉，切去骨頭邊緣，整合形狀。

6　依料理不同，若使用腎臟時，由腹側取出腎臟。

7　同樣，使用肝臟時，也要小心避免損傷的取出。

8　刀子在上半身肋骨下方，與下半身腹皮間劃入切開，分切成帶頭的上半身（côte）和下半身（râble）。

9　切去頭部。

10　從上半身切下前腿。

11　乾淨地除去殘留在肋骨深處的心臟和肺臟。

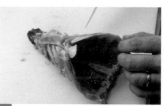

12　從接近下半身處開始算起的第8根肋骨。

13　在第8根和第9根中間用刀子劃切，接近頭部的骨頭留作醬汁等使用。

14　胸側的細肋骨則用剪刀剪下。

15 刀子從背骨中央處劃入，對半分切。

16 完成分切。從左上起為前腿、上半身的肋肉（côte）、下半身的軀幹肉（râble）、腿肉。內臟類（由左上起）心臟、肺、肝臟、腎臟。

17 背肉、腿肉依烹調需要，切成適當的大小。

小牛胸腺（**Ris de veau**）的預備處理

→ 黃葡萄酒和羊肚蕈的小牛胸腺　P218

1 小牛胸腺用水浸泡一夜以消除血水。

2 連同月桂葉、杜松子、百里香一起水煮。

3 沸騰後3～4分鐘取出。之後會再烹調，所以這個時候僅需略煮一下即可。

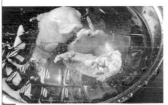

4 避免餘溫過熟地立即放入冰水浸泡。冷卻便於進行下一個步驟，也更容易除去脂肪和皮膜，

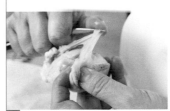

5 瀝乾水分，除去表面的皮膜、脂肪和筋膜。若未取出會損及口感，所以必須仔細進行這項作業。

6 以布巾包覆，用重石略加施壓瀝乾水分。胸腺也可依個人喜好切成片狀。

肥肝的去筋

→ 蒙巴茲雅克的肥肝凍派、添加洋李的肥肝凍派　P106

1 肥肝是由大小兩葉組成。此次使用的是鴨的肥肝。鴨的肥肝平均是600～700g、鵝的肥肝則是800g～1kg，略大。

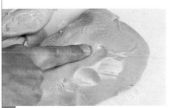

2 首先，從冷藏室取出，於室溫中放至柔軟。約是按壓時會留下痕跡的程度。

3 將2葉分切。用小刀除去表面皮膜。除去皮膜後會容易沾黏，所以在烘焙紙上進行這項作業。

4 從凹凸處開始用刀子將每葉肝臟左右攤開，以刀背將肥肝向前後左右攤開。除去內部血管。這項作業稱之為去筋（dénerver）。

5 找到血管時，要注意不要拉斷，用手指和刀子拉出。如果沒有放至回復常溫時，血管很容易會被拉斷。底部還有另一條也同樣地找到並除去。

比目魚的預備處理

→ 諾曼第風味比目魚　P22

1 此次使用的是黑褐色具有厚度的多佛比目魚（Dover sole）。

2 用剪刀剪去從背部延伸至尾端的兩側魚鰭。

3 除去表面胸鰭。

4 裡側（白色面）的胸鰭也同樣剪去。除魚鱗、魚鰓、內臟，用水沖洗。之後充分拭乾水分。

5 剝去表皮。先從尾端根部處劃入切口。

6 避免濕滑地先用廚房紙巾等按壓，仔細地將魚皮剝下。

7 裡側也同樣從尾端劃入切口，剝除魚皮。

8 含頭部，完成魚皮剝除的狀態。整合形狀。

鱒魚的預備處理

→ 夏朗德皮諾甜葡萄酒、燉煮填餡鱒
  魚佐奶油包心菜   P76

1 仔細除去表面的黏滑和魚鱗。
用剪刀整理魚尾的形狀。

2 除去胸鰭、背鰭和尾鰭。

3 用剪刀兩面剪開魚鰓。用手
指取出魚鰓蓋下的內臟，或
用竹筷從魚嘴插入夾住內
臟，邊扭轉邊取出。

4 刀子在背鰭骨上方劃入切口。

5 從頭剖沿著中間魚骨劃開
身體。

6 開至腹部。

7 另一側也同樣沿著中間魚骨
切開。

8 殘留中間魚骨，開背後的
狀態。

9 用剪刀剪斷頭部與中間魚骨
的連結。

10 避免剪到腹部地，將連至尾
部的中間魚骨剪掉。

11 用刀子切去腹部魚刺。

12 除去3當中未取出的殘留內
臟或筋膜。

13 為避免損及口感地仔細拔除
細小魚刺。

14 迅速用冷水清洗，充分拭去
水分。完成。

鯖魚的預備處理

→ 醋漬鯖魚　P204

1 用剪刀剪去鯖魚的魚鰭。除去頭部和內臟用水洗淨後，充分瀝乾水分，分切成三片。首先在尾部、腹部、背部淺淺地劃入切口。

2 用刀子從背部劃入，從頭部朝尾端的方向，劃入中間魚骨的上方將魚肉和中間魚骨分切。只有腹部魚刺處用剪刀剪開。

3 殘留在魚肉的魚刺，則連同薄膜一起削切。浮出的血也仔細拭淨。

4 使用夾子將小魚刺夾出。即使只有一點點也會損及口感，所以先適度地用手指撫觸確認位置，進行作業。

5 整理成魚片狀的鯖魚對切，排放在方型淺盤上。

鹽漬鱈魚的預備處理

→ 紅椒鑲鹽鱈馬鈴薯　P97
→ 焗烤鹽漬鱈魚　P210

1 確認鹽鱈上有無殘留的魚鱗，若有則除去魚鱗後剝除魚皮。

2 鹽鱈泡水（適度地換水）除去鹽分，取出腹部魚刺。泡水作業，大致是法國產約3天、日本產約半天～1天。

3 將2切成魚片。必須留意腹部和尾部的厚度不同，為使加熱時能均勻受熱，整理成均勻的大小。

龍蝦的預備處理

→ 龍蝦佐亞美利凱努醬　P39

1 龍蝦必須使用活蝦。首先扭開頭與身體，拆卸取下蝦頭。

2 抓著蝦頭，同樣扭轉地取下蝦螯。

3 取出蝦頭和蝦螯內的蝦肉。

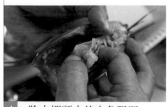

4 除去蝦頭中的白色腸泥。

5 用湯匙從蝦頭中取出紅色蝦膏（corail）。

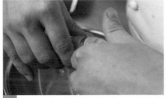

2 用手扭開頭與身體。剝除靠近頭部的1～2節蝦殼。

3 拉直蝦身，就能輕易地將蝦肉從蝦殼中取出。

朝鮮薊的預備處理

→ 阿莫里坎風味龍蝦　P29
→ 尼斯沙拉　　P178
→ 普羅旺斯鑲肉佐甜椒庫利　P179

* 朝鮮薊有布列塔尼特產的圓形Camus品種，和南法特產小顆蛋型的Violetto品種。無論哪一種預備處理的方法都相同。

6 用剪刀將蝦頭修整後燙煮，也可用作裝飾。

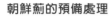

4 用手指捏著最靠近蝦尾的蝦殼，邊按壓邊抽拉蝦肉，就可以連殼帶泥腸一起拔除。

1 用手折下莖部。用刀子會使硬纖維殘留，所以必須用手。

7 所有的作業都在方型淺盤上或大型缽盆上進行。以確認龍蝦血或碎肉都能被運用。

5 完成。

2 莖下方的硬萼則用刀子切除。

螯蝦的預備處理

→ 甲殼和貝類酥皮湯　P28

1 全身粉紅的顏色，令人想起植物小葉藜（Akaza），所以日文也稱作赤座蝦。

3 將表面的硬萼全部除去後，將下半部的形狀加以整理。

4 切除上端殘留的硬萼。

5 因中間有絨毛，所以必須仔細地用湯匙除去絨毛，整理綠色部分的形狀。

6 為防止變色地淋上檸檬汁，再浸泡到添加檸檬汁的水中備用。

7 朝鮮薊可食用的剖分很少。照片右邊大小的朝鮮薊，在除去硬萼剜出薊芯可食用的部分後，就是左邊的大小。

8 Violetto品種的莖和硬萼都比較柔軟，可以留下莖部剜除硬萼。

9 切成月牙形。

10 除去絨毛。

11 為防止變色保持完成時的顏色，先預備好麵粉（20g）、粗鹽（1小撮）、檸檬汁（1/2個）、水（500cc）的混合液。

12 將朝鮮薊放入混合液中燙煮至柔軟。

馬鈴薯的圓切片（**Rondelle**）

→ 夏朗德風味小蝸牛　P77
→ 雉雞胸肉佐佩里戈爾醬汁、搭配薩爾拉馬鈴薯　P108
→ 油封鴨　P110

1 馬鈴薯去皮，切除兩端，整成木栓形（bouchon）。

2 整形成幾乎相同粗細的筒形。

3 因應烹調上的需求，切成適當厚度的圓片。

4 用水洗去多餘的澱粉。使用前確實瀝乾水分。

麵團

酥脆麵團（Pâte brisée）

→ 韭蔥和瑪瑞里斯起司的鹹塔　P52
→ 綠頭鴨的法式肉凍派　P70
→ 洛林鹹派　P140

材料（洛林鹹派1個的分量）

麵粉　200g
奶油　100g
鹽　5g
全蛋　1個
冷水　30cc

＊用於「綠頭鴨的法式肉凍派」時，麵粉中同時加入太白粉、白酒醋與水一同使用。

1 完成過篩的麵粉與鹽混合，使其成凹槽狀，中間放入切成塊狀冰冷的奶油，用刮板切開般地混拌。

2 混拌至某個程度後，用手掌搓揉混合，使其成鬆散狀。

3 再次將粉類形成凹槽狀，混合攪散的蛋液和冰水，加入中央。

4 使用刮板粗略混拌。待粉類吸收蛋液和水的混合液後，改用手混拌。

5 將身體重量放在手掌根部，磨擦般推壓使麵團顏色均勻地混合。過度混拌會產生麵筋，必須注意。

6 整合成團，包覆保鮮膜，在冷藏室內靜置至少30分鐘～1個小時。如照片般扁平的形狀，可以讓麵團均勻冷卻，方便作業。

＊時間充裕時，可以放置半天～1天，更能減少烘烤時的收縮。

麵團（封鍋用）

→ 鐵鍋燉煮橄欖、培根、仔羊肩肉　P190

材料（完成時約500g）

低筋麵粉　500g
太白粉　50g
砂糖　25g
沙拉油　50g
水　200～225g

1 將材料全部放入攪拌機的缽盆中，用攪拌機以鉤狀攪拌棒混拌。

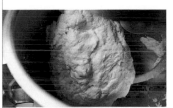

2 充分混拌至麵團如耳垂般的柔軟度時，取出。

3 用雙手滾動般地將麵團搓揉成直徑3cm的棒狀。不需發酵地直接貼在鍋子邊緣，用於密封燉鍋。

折疊派皮麵團
（Pâte feuilletée）

→甲殼和貝類酥皮湯　P28
→白煮蛋的復活節酥皮肉派　P64

材料（完成時約500g）

麵粉　250g
鹽　5g
融化奶油　25g
水　120cc
奶油（折疊用）　225g

1　混合融化奶油和水加入完成過篩的麵粉和鹽中，以刮板分切般地混拌至均匀狀態。

2　將1滾圓，為防止表面收縮地切出十字，包覆保鮮膜放入冷藏室靜置約1小時。

3　在工作檯上撒放手粉（用量外），擺放2以擀麵棍依切割的十字將麵團朝四角，擀壓成四方型。中心不要過度擀壓，略微厚一些。

4　將奶油以擀麵棍敲打成能擺放在3麵團中央的正方片狀，將四角的麵團向中央完全包覆起來。用擀麵棍擀壓成縱向的長方形。

5　由外側和身體方向各向中央折成三折疊，將麵團層疊處轉向90度，再擀壓成縱向長方形。再次由外側和身體方向各向中央折成三折疊，用保鮮膜包覆。靜置於冷藏室30分鐘～1小時。

6　重覆二次5的作業。完成步驟後保存於冷藏室內。至此的操作可以在前一天先完成。麵團靜置一夜後，可以減少烘烤完成時的收縮。

7　使用時，從冷藏室取出，用擀麵棍擀壓成2mm左右的厚度。包覆保鮮膜，靜置於冷藏室30分鐘。

配菜（Garniture）

油封鴨腿肉

→ 油封鴨　P110
→ 土魯斯風味卡酥來砂鍋　P115
→ 蔬菜燉湯　P120

材料（4人份）

鴨腿肉　8隻
鴨脂　1.5kg
大蒜（帶皮）　4瓣
百里香　1枝
月桂葉　1片
粗鹽　12g
（相對於肉類1kg）

1　鴨腿肉抹上粗鹽，擺放百里香、月桂葉，放入方型淺盤中包覆保鮮膜。置於冷藏室醃漬12～24小時。

2　用水沖洗掉粗鹽，切去多餘的脂肪，瀝乾水分備用。

3　在鍋中放入鴨脂，將1使用的百里香、月桂葉，連同鴨腿肉一起放入後，加熱。保持油脂在約80～90℃，加熱至鴨肉變軟約3小時。

4　刀子可以輕易刺入時，即已完成。

5　取出鴨腿肉，擺放在放著網架的方型淺盤上。瀝去油脂。

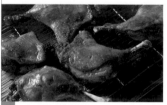

6　如果要直接使用時，用200℃的烤箱（或平底鍋）烘烤至表皮酥脆。

香煎培根

→ 紅酒燉雄雞　P72
→ 紅酒燉牛肉　P124
→ 紅酒燉煮兔肉　P168

材料

培根　185g
沙拉油　少量

＊用於「紅酒燉煮兔肉」時，培根使用200g，加入適量奶油與沙拉油一同拌炒。

1 培根切除燻製時的茶色硬皮。

2 配合料理的需求尺寸切成棒狀。
＊若鹽分過高、油脂過多時，則先進行汆燙。

3 用放入少量沙拉油的平底鍋拌炒。

4 瀝乾培根的油脂。

油炸西太公魚

→ 諾曼第風味比目魚　P22

材料

西太公魚　8條
麵粉　30g
蛋黃　1個
沙拉油　適量
麵包粉（乾燥）　50g
鹽　適量

1 在法國通常會使用稱為鉤魚（Goujon）的小魚，但在日本多用西太公魚來取代。

2 西太公魚依序沾裹上麵粉、添加沙拉油和鹽的蛋黃、麵包粉。

3 甩掉多餘的麵包粉，整理形狀。

4 放入180℃的熱油中，適度地翻面油炸。

5 放在廚房紙巾上瀝去多餘油脂，撒上鹽。

裝飾用螯蝦

→ 諾曼第風味比目魚　P22
→ 里昂風味魚漿丸佐南迪亞醬汁　P158

材料

螯蝦　4隻

1 選用形狀漂亮的螯蝦，用雙手拿取。

2 將螯蝦的兩隻蝦螯轉至背後，蝦鉗尖端刺入最靠近尾端的蝦節中，使螯蝦成為向後挺起的狀態。

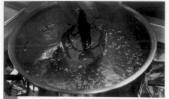

3 避免破壞形狀地輕輕放入熱水中燙煮。

4 待顏色變鮮艷時，取出放入冰水中冷卻。

柳橙風味的 亮面煮（glacés）蘿蔔

→ 香烤沙朗產雛鴨佐奶油時蔬　P12

材料

蘿蔔　1根
奶油　30g
煮汁
├ 雞基本高湯（→P224）
│　300cc
├ 柳橙汁　2個的分量
├ 砂糖　1小撮
└ 鹽　適量

1 將蘿蔔切成5～6cm厚，再縱向切分成4等分。

2 利用切除稜角的要領從外朝內削的動作，如翻糖模型（有一面是平坦形狀）般地轉削（tourner）切除稜角。

3 為了蘿蔔能均勻受熱地切成相同大小。

4 避免變色地在完成後浸泡至水中。立刻烹煮時也可以不用泡水。

5 在鍋中刷塗奶油。

6 放入蘿蔔。

7 加入約是淹沒蘿蔔一半左右的煮汁。蘿蔔的水分較多，必須注意不要加入過多煮汁。

8 用烘焙紙製作落蓋，加熱，以小火熬煮。

9 煮至柔軟後取下落蓋，收汁。待蘿蔔吸入煮汁、產生光澤，即完成製作。用鹽調味。

蜂蜜口味的 亮面煮（glacés）紅蘿蔔

→ 香烤沙朗產雛鴨佐奶油時蔬　P12

材料

紅蘿蔔　3根
奶油　30g
煮汁
├ 蜂蜜　1又1/2大匙
└ 水、鹽　各適量

1 紅蘿蔔切成 5～6cm 長，依其大小縱向再分切成 2～4 等分。

2 轉削切除稜角（tourner）成梭型（château）。亮面煮（glacés）的作法與柳橙風味的亮面煮蘿蔔相同地進行作業。

＊在此雖然使用的是蜂蜜，若是使用細砂糖進行亮面煮，也請用等量進行。

亮面煮（glacés）小洋蔥

→ 紅酒燉雄雞　　P72
→ 紅酒燉牛肉　　P124
→ 紅酒燉煮兔肉　P168

材料

小洋蔥　18～24 顆
奶油　1 又 1/2 大匙
細砂糖　1 小撮
水、鹽　各適量

1 將材料全部放入鍋中。

＊小洋蔥若是較大時，可以預先燙煮後再進行作業，就能不破壞形狀地完成了。

2 蓋上中間剪出排氣孔的烘焙紙落蓋，用小火烹煮。

3 小洋蔥受熱後，取下落蓋，使水分揮發。要做成白色亮面煮（glacés）在這個階段就完成了。

4 想要做出茶色亮面煮（glacés）時，再繼續加熱使其焦糖化。除了紅酒的燉煮料理外，不需著色時就可以省掉這個步驟。

焦糖蘋果

→ 奧日河谷風味珠雞　P20
→ 法式白腸搭配蘋果馬鈴薯泥　P56

材料

蘋果（Golden Delicious 品種）
　200g
奶油　50g
細砂糖　30g

1 蘋果去皮縱向切成 6 等分。去核去籽，切除稜角（tourner）成梭型（château）。

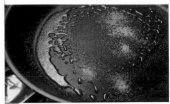

2 在平底鍋中放入細砂糖，以小火加熱。慢慢融化至產生略微焦化的糖色即可。

3 在 2 中加入蘋果和奶油，用中火加熱。晃動平底鍋邊使全體均勻地焦糖化。

＊「奧日河谷風味珠雞」當中，為了更提升風味，在燉煮雞肉時將此時切下剩餘的蘋果碎一起加入燉煮。

馬鈴薯泥

→ 法式白腸搭配蘋果馬鈴薯泥　P56
→ 黃葡萄酒和羊肚蕈的小牛胸腺
　P218

材料

馬鈴薯　500g
奶油　60g
牛奶　120cc
鹽
胡椒
肉荳蔻　各適量

＊「法式白腸搭配蘋果馬鈴薯泥」則使用奶油（有鹽）50g 並依個人喜好添加肉荳蔻。

1 在鍋中放入馬鈴薯加滿水、粗鹽（用量外），水煮。

2 在另外的鍋中加入牛奶，以不會沸騰溢出的火候加熱熬煮。使牛奶的味道更香濃，也可以讓馬鈴薯泥更濃郁。

3 馬鈴薯煮至柔軟後，趁熱去皮以攪拌器搗碎。加入鹽，再少量逐次地加入2的牛奶。

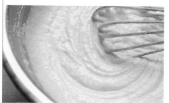

4 牛奶混拌至滑順，並在表面會留下混拌痕跡的程度。

5 趁熱加入奶油攪打混拌。用鹽和胡椒調味。加入磨成粉的肉荳蔻。

想要製作出更滑順的口感時，在進行3的步驟時，用研磨器（moulin）過濾（「黃葡萄酒和羊肚蕈的小牛胸腺」中，就使用這個方法製作出馬鈴薯泥）。

水煮馬鈴薯（梭型馬鈴薯pommes château）

→ 佛萊明風味啤酒燉牛肉　P48

材料

馬鈴薯　800g
岩鹽　適量

1 馬鈴薯去皮，切去上下兩端，切除稜角轉削（tourner）成梭型（château）。

2 浸泡在水中洗去多餘的澱粉質。

3 在鍋中裝滿水，放入馬鈴薯和岩鹽，用小火慢煮。相當花時間，所以適合粗粒狀的岩鹽。加熱至竹籤可以輕易刺穿為止。

炸馬鈴薯條（pommes cocotte）

→ 煎烤鴨胸、波爾多酒醬汁、佐以炸薯條和波爾多牛肝蕈　P86

材料

馬鈴薯　800g
鵝油　適量
奶油　20g
鹽、胡椒　各適量

1 為使馬鈴薯完成時的高度一致地切去上下兩端。

2 切除稜角轉削（tourner）成細長的梭形。

3 以加了鹽的冷水開始水煮，使澱粉質釋出。待沸騰後立即用網篩撈出。

4 用中火加熱放入鵝油的鍋子，放入3用小火慢慢炸至馬鈴薯條熟透。馬鈴薯條熟後撈起加入鹽和奶油。

5 再放入180℃的烤箱，不時翻拌地使馬鈴薯條均勻烤出金黃色澤。以網篩瀝乾油脂。

香煎起司馬鈴薯片
（Truffade）

→ 油封煙燻香腸搭配香煎起司馬鈴薯片，佐芥末籽原汁　P.147

材料

馬鈴薯　300g
鐸姆起司（Tomme fraîche）
　25g
大蒜（切碎）　1瓣
平葉巴西利（切碎）　1大匙
鮮奶油
鵝油
鹽　各適量

1 馬鈴薯切成木栓形（bou-chon）。再切成4～5mm的圓片。

2 在不沾平底鍋中放入鵝油加熱，加進1用中火拌炒。

3 待馬鈴薯炒熟至透明後，撒入鹽，拌炒至上色後用網篩撈起瀝乾油脂。

4 在平底鍋中加入鵝油、大蒜，加入切碎的鐸姆起司。

5 放入馬鈴薯，使全體混合，撈起去除多餘的油脂。

6 加入鮮奶油完成。依個人喜好撒放平葉巴西利碎。

酒蒸紫高麗菜

→ 佛萊明風味啤酒燉牛肉　P.18

材料

紫高麗菜　300g
蘋果*　1個
洋蔥　1/2個
奶油　適量
紅葡萄酒　300cc
紅糖（cassonade）　2大匙
鹽、胡椒　適量

*蘋果是Golden Delicious或紅玉品種，不容易煮散的種類比較適合。

1 紫高麗菜切成月牙形，切去硬芯。

2 切成粗絲後，用水沖洗。避免顏色流失地迅速沖洗。

3 在鍋中放入奶油以中火加熱，融化奶油。拌炒切成薄片的洋蔥和切成丁狀的蘋果，加入紅糖。

4 放入 2，撒入鹽和胡椒，蓋上鍋蓋。待釋出水分後，倒入紅葡萄酒，再次蓋上鍋蓋，燜煮約30分鐘。

5 待紫高麗菜變軟，紅葡萄酒的水分蒸發後，即完成。

奶油包心菜

→ 夏朗德皮諾甜葡萄酒、
　燉煮填餡鱒魚佐奶油包心菜 P76

材料

皺葉包心菜　1顆
奶油　100g
鹽、胡椒　各適量

1 切除皺葉包心菜外側老硬的葉子，切成 4 等分。切除芯和粗硬的部分。

2 切成細絲，用水清洗。

3 在鍋中放入奶油，避免著色地用小火使其慢慢融化。

4 瀝乾 2 的水分，加上鹽、胡椒翻炒。

5 保持小火狀態燜煮（étuver）20～30分鐘。待如照片般全體軟化即可完成。用鹽和胡椒調味。

香煎洋菇

→ 紅酒燉雄雞　　P72
→ 紅酒燉牛肉　　P124
→ 紅酒燉煮兔肉　P168

材料

洋菇　500g
奶油　2大匙
紅蔥頭（切碎）　3大匙
平葉巴西利（切碎）　3大匙
鹽、胡椒　各適量

＊製作「紅酒燉煮兔肉」時，用香煎培根（P244）的油拌炒200g的洋菇。

1 若洋菇表面有髒污或瑕疵時，削去表皮再切成月牙形。

2 用加了奶油的平底鍋，以大火迅速拌炒，撒入鹽和胡椒。也可依個人喜好添加紅蔥頭和平葉巴西利。

波爾多牛肝蕈

→ 煎烤鴨胸、波爾多酒醬汁、佐以炸薯條和波爾多牛肝蕈　P86

材料

牛肝蕈　600g
油（鴨脂、沙拉油或奶油）
　適量
紅蔥頭（切碎）　3個
大蒜（切碎）　2瓣
平葉巴西利（切碎）　2大匙
鹽、白胡椒　各適量

1 先除去牛肝蕈堅硬的部分。

2 用刷子蘸水清潔表面。

3 瀝乾水分，除去乾硬的部分，再切成一口大小。

4 在平底鍋中加入油，以中火加熱，放入牛肝蕈，轉為大火。拌炒至呈金黃色。

5 加入鹽和胡椒，以及切碎的紅蔥頭、大蒜、平葉巴西利拌炒，用網篩取出瀝去油脂。

裝飾用洋菇

→ 諾曼第風味比目魚　P22
→ 夏朗德皮諾甜葡萄酒，燉煮填餡鱒魚佐奶油包心菜　P76
→ 麗絲玲風味的蛙腿慕斯　P135

材料

洋菇　適量
檸檬汁　適量

1 單手拿洋菇，另一隻手握住小刀的刀刃，刻出放射狀的波紋。

2 為防止表面變色地塗抹檸檬汁，在加熱前都保存在加有檸檬汁的水中。

3 從冷水開始加熱，至沸騰後離火，至盛盤前都一直浸泡在煮汁中。

燉煮白腰豆

→ 蒸煮鱸魚佐白腰豆　P14

材料

白腰豆（旺代產的Mogette品種）　200g
紅蘿蔔　1根
洋蔥　1個
紅蔥頭　1個
大蒜　1瓣
香草束（→P227）　1束
雞基本高湯（→P224）　適量
橄欖油　2大匙
奶油　20g
鹽、胡椒
平葉巴西利　各適量

1 白腰豆浸泡水中一夜還原。

6 加熱至水分揮發，放入切碎的平葉巴西利，完成。

3 加入蔬菜一半高度的水，放入鹽、胡椒、1小撮砂糖、1塊奶油。

2 將1連同切成適當大小的紅蘿蔔、洋蔥、紅蔥頭、大蒜、香草束，一起放入鍋中，倒入足以淹蓋食材的雞基本高湯。

根莖類的配菜

→ 燉煮肉餡高麗菜　P146

材料

紅蘿蔔　1根
蕪菁　4個
馬鈴薯　600g
水
砂糖
奶油
鹽
胡椒　各適量

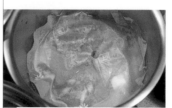

4 蓋上剪出排氣孔的烘焙紙落蓋。以小火加熱。

3 保持略沸騰的狀態，不時混拌地烹煮。待白腰豆半熟時，加入鹽和胡椒。

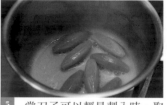

5 當刀子可以輕易刺入時，取下落蓋，將其餘煮汁熬煮至可沾裹上食材並產生光澤為止。

＊馬鈴薯則是放入加了1小撮鹽（用量外）的水中，水煮。當刀子可以輕易刺入時，即完成。（→請參照「馬鈴薯的轉削 tourner（梭形馬鈴薯）」）

4 煮至柔軟後，用網篩取出，瀝乾水分，除去調味蔬菜。

1 馬鈴薯、紅蘿蔔、蕪菁去皮，配合料理切去稜角整型。立刻烹煮時不用泡水。

5 放回鍋中，加入橄欖油、奶油、鹽和胡椒混拌，再以小火加熱。

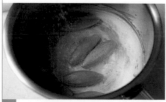

2 紅蘿蔔、蕪菁作成亮面煮（glacés）。各別放入刷塗了奶油的鍋中。

本書使用的法文烹調用語

將本書中使用的烹調用語（法語）加以整合，希望藉此讓大家更深入理解法式料理。

【A】

Abaisser＜アベッセ＞ 擀壓麵團等。

Appareil＜アパレイユ＞ 數種材料混合製作而成。

Arroser＜アロゼ＞ 為防止乾燥、使完成時能充滿汁液地，在燒煮過程中不斷地在肉類上澆淋液體。

Assaisonner＜アセゾネ＞ 用鹽、胡椒或其他辛香料調味。

【B】

Blanchir＜ブランシール＞ 食材先進行預備燙煮作業。將蛋黃和砂糖以摩擦般地攪拌至顏色發白為止。

Braiser＜ブレゼ＞ 食材浸泡在一半的液體中，蓋上鍋蓋燜煮。

brider＜ブリデ＞ 為避免加熱時形狀崩壞，用綿線綁縛家禽或肉類，並調整形狀。

brunoise＜ブリュノワーズ＞ 切成4～5mm大小的細丁狀。依情況可以切得更小，略大時也可以此稱之。

【C】

caraméliser＜カラメリゼ＞ 本來是熬煮砂糖使其形成焦糖。在料理當中，熬煮液體，使殘留的糖分焦糖化，並與食材結合。

châtrer＜シャトレ＞ 取下螯蝦的泥腸。

chemiser＜シュミゼ＞ 在模型或容器的內側薄薄地舖墊後。倒入果凍。

chiqueter＜シクテ＞ 在整型完成的麵團周圍，用刀子或剪刀劃出紋路。

ciseler＜シズレ＞ 避免食物中的水分或香氣逸出，在最初時先用刀子劃出細紋，切碎。特別是紅蔥頭或纖細的香草時，適用這樣的切法。

concasser＜コンカッセ＞ 切成粗粒。

confire＜コンフィール＞ 在低溫油脂，或烤箱中緩慢地加熱食物。

cuire à l' anglaise＜キュイール・ア・ラングレーズ＞ 鹽水燙煮蔬菜。

【D】

décanter＜デカンテ＞ 從燉煮鍋中取出肉類，使其與煮汁分開。

décortiquer＜デコルティケ＞ 從甲殼類或貝類的殼中取出其中的肉。

déglacer＜デグラッセ＞ 將沾黏在鍋底的肉或菜的美味成分，以液體加入溶出精華成分。

dégraisser＜デグレッセ＞ 捨去油脂。

dénerver＜デネルヴェ＞ 除去肉類筋膜。或除去肥肝的血管和筋。

désosser＜デゾセ＞ 從骨頭上拆切下肉的部分。

【E】

ébarber＜エバルベ＞ 切下魚鰭。或是除去淡菜的黑色繫帶。

écailler＜エカイエ＞ 除去魚鱗。

écraser＜エクラゼ＞ 搗碎、搗散、破碎。

écumer＜エキュメ＞ 撈除浮在液體表面的浮渣。

émincer＜エマンセ＞ 切成薄片。

émonder＜エモンデ＞ 蔬菜水果汆燙去皮。

éplucher＜エプリュシェ＞ 剝除食材外皮。

escaloper＜エスカロペ＞ 刀子斜向劃切入食材中，薄薄片切下來。

étuver＜エテュヴェ＞ 待食材釋出水分、或加入少量水分後，再燜煮。

【F】

farcir＜ファルシール＞ 填裝內餡。

flamber＜フランベ＞ 點火燃燒酒精，使酒精揮發。燒除家禽殘留的羽毛時也相同。

frire＜フリール＞ 油炸。

fumer＜フュメ＞ 煙燻製作。

【G】

garniture＜ガルニチュール＞ 配菜。

grainer＜グレネ＞ 烹煮完成的米飯，用叉子使其鬆散。

gratiner＜グラティネ＞ 使料理表面產生香氣，烹煮至表皮上色為止。

【H】

hacher＜アッシェ＞ 細細地切碎。切碎後用手掌按壓刀背，左右如翹翹板般地動作，使食材切得更細碎。

【I】

inciser＜アンシゼ＞ 在食材表面劃切切紋。

infuser＜アンフュゼ＞ 將香草或辛香料加入液體中，使香味轉移至其中。

【J】

julienne＜ジュリエンヌ＞ 切成寬1～2cm、長5～6cm的細條。

【L】

larder＜ラルデ＞ 在脂肪較少的肉類中插入背脂。

lier＜リエ＞ 在完成醬汁時，放入奶油、蛋黃、鮮奶油等以增加濃稠度。

luter＜リュテ＞ 為避免長時間燉煮食材，水分和香氣的流失，所以在鍋子或容器周圍貼合材料密封。貼合的材料大多使用麵粉和水，或添加蛋白攪拌而成。

【M】

manchonner＜マンショネ＞ 削除骨頭前端周圍的肉，使骨頭得以露出。

mariner＜マリネ＞ 將肉類或魚類浸泡至調香食材中。

médaillon＜メダイヨン＞ 將魚、肉或龍蝦等切成圓形或橢圓形。

mirepoix＜ミルポワ＞ 將調味蔬菜切成略大的骰子形狀。或是切成粗大的方形、切成粗粒。

monter＜モンテ＞ 打發蛋白或鮮奶油。或是在液體中少量逐次加入奶油，使其產生光澤和濃稠地完成製作。

【N】

nacré＜ナクレ＞ 煮熟後的魚類切面，產生像珍珠般光澤水潤的狀態。表示魚類加熱至最理想的狀態。

napper＜ナペ＞ 從肉或魚類表面，醬汁彷彿覆蓋表面般地澆淋至全體。

【P】

paner＜パネ＞ 依麵粉、雞蛋、麵包粉的順序沾裹食材。

passer＜パッセ＞ 用圓錐形濾網過濾醬汁。

paysanne＜ペイザンヌ＞ 蘿蔔和馬鈴薯不切整周圍，將其縱向切成幾等分後，再切成薄片，切成小小的銀杏葉片狀。或高麗菜等切成像色紙一般。

piquer＜ピケ＞ 為避免烘烤完成時底部麵團膨脹，先用叉子或打孔滾輪，在麵團上刺出孔洞。將丁香刺入洋蔥也是同樣的說法。

pocher＜ポシェ＞ 微沸騰的液體中緩慢地燙煮食材。

poêler＜ポワレ＞ 用平底鍋加熱食材。

【R】

réduire＜レデュイール＞ 熬煮煮汁或液體。

rondelle＜ロンデル＞ 圓切片。扁平圓形。

rôtir＜ロティール＞ 最初將表面煎至凝固的食材（主要是指肉類），放入烤箱或以直火仔細地烘烤。

rouelle＜ルウェル＞ 切成薄的圓切片。例如洋蔥切成圓切片，打散後就會成為圈狀。

【S】

saisir＜セジール＞ 在加熱油脂的鍋中放入食材（主要是指肉類），煎至表面凝固。

sauter＜ソテ＞ 邊晃動平底鍋邊拌炒食材。

singer＜サンジェ＞ 為使醬汁呈現濃稠狀，先在燉煮食材表面撒上麵粉。

suer＜スュエ＞ 避免上色地將食材拌炒至釋出水分。

【T】

tourner＜トゥルネ＞ 將蔬菜轉削、切去稜角整型。

tremper＜トランペ＞ 將食材浸泡在液體中。豆類或乾燥的蕈菇類用水還原也是同樣的說法。

材料別索引

特產品索引

＊⛊是起司、 ❦是酒類

料理名稱的法中對照表

■ 主要參考文獻・網頁

「完全理解　フランスの地方料理」中村勝宏著　柴田書店
「シェフ・シリーズ6号　鎌田昭男の野生が香るフランスの地方料理」鎌田昭男著　中央公論社
「ツール・ド・グルメ　フランスの郷土料理」並木麻輝子著　小学館
「フランス　食の事典」日仏料理協会編　白水社
「フランス　地方のおそうざい」大森由紀子著　柴田書店
「ワイン基本ブック」ワイナート編集部編　美術出版社
「ラルース・フランス料理小事典」翻訳監修:日高達郎　技術監修:小野正吉　柴田書店

法國觀光開發機構官方網站　http://jp.franceguide.com/
法國美味之旅遊指南　http://www.h6.dion.ne.jp/~france/index1.htm

■ 照片提供
ATOUT FRANCE（フランス観光開発機構）
P10
［左］©ATOUT FRANCE/Jean François Tripelon-Jarry
［中・右］©ATOUT FRANCE/R-Cast
P11
［左・中］©ATOUT FRANCE/R-Cast
［右］©ATOUT FRANCE/Michel Angot

P18
［左］©ATOUT FRANCE/Hervé Le Gac
［中］©ATOUT FRANCE/ Pascal Gréboval
［右］©ATOUT FRANCE/CRT Normandie/J-C Demais
P19
［左・右］©ATOUT FRANCE/CDT Calvados/CDT Calvados
［中］©ATOUT FRANCE/R-Cast

P26
［左］©ATOUT FRANCE/Fabian Charaffi
［中］©ATOUT FRANCE/Hervé Le Gac
［右］©ATOUT FRANCE/Daniel Gallon – Dangal
P27
［右・中］©ATOUT FRANCE/Michel Angot
［右］©ATOUT FRANCE/Pierre Torset

P36
［左］©ATOUT FRANCE/Jean François Tripelon-Jarry
［中］©ATOUT FRANCE/Hervé Le Gac
［右］©ATOUT FRANCE/Eric Larrayadieu
P37
［左］©ATOUT FRANCE/Eric Larrayadieu
［中］©ATOUT FRANCE/R-Cast
［右］©ATOUT FRANCE/Michel Angot

P46
［左・中］©ATOUT FRANCE/CRT Picardie/Sam Bellet
［右］©ATOUT FRANCE/Eric Larrayadieu
P47
［左］©ATOUT FRANCE/CRT Picardie/Didier Raux
［中・右］©ATOUT FRANCE/R-Cast

P54
［左］©ATOUT FRANCE/Daniel Philippe
［中］©ATOUT FRANCE/CRT Centre - Val de Loire/P. Duriez/Château de Chambord; Copyright Léonard de Serres
［右］©ATOUT FRANCE/CRT Centre-Val de Loire/C. Lazi
P55
［左］©ATOUT FRANCE/Daniel Gallon-Dangal
［中］©ATOUT FRANCE/R-Cast
［右］©ATOUT FRANCE/Michel Angot

P62
［左］©ATOUT FRANCE/CRT Centre-Val de Loire/P. Duriez
［右］©ATOUT FRANCE/R-Cast
P63
［左・右］©ATOUT FRANCE/R-Cast
［中］©ATOUT FRANCE/CRT Centre-Val de Loire/P. Duriez

P74
［左・中］©ATOUT FRANCE/Daniel Gallon–Dangal
［右］©ATOUT FRANCE/R-Cast
P75
［左］©ATOUT FRANCE/R-Cast
［右］©ATOUT FRANCE/Catherine Bibollet

P84
［左・右］©ATOUT FRANCE/Jean François Tripelon-Jarry
P85
［左］©ATOUT FRANCE/R-Cast/Architecte Leyburn
［中］©ATOUT FRANCE/R-Cast
［右］©ATOUT FRANCE/Jean François Tripelon-Jarry

P94
［左・中］©ATOUT FRANCE/Pascal Gréboval
［右］©ATOUT FRANCE/R-Cast
P95
［すべて］©Yu Maruta

P104
［左］©ATOUT FRANCE/Jean Malburet
［右］©ATOUT FRANCE/J. Voisin
P105
［すべて］©ATOUT FRANCE/R-Cast

P112
［左］©ATOUT FRANCE/Jean Malburet
［中］©ATOUT FRANCE/Jean François Tripelon-Jarry
［右］©ATOUT FRANCE/Eric Bascoul
P113
［すべて］©ATOUT FRANCE/R-Cast

P122,123
［すべて］©ATOUT FRANCE/CRT Bourgogne/Alain Doire

P132
［左］©ATOUT FRANCE/Jean François Tripelon-Jarry
［中］©ATOUT FRANCE/Danièle Taulin-Hommel
［右］©ATOUT FRANCE/R-Cast
P133
［すべて］©ATOUT FRANCE/Michel Laurent/CRT Lorraine

P144
［左］©ATOUT FRANCE/Pierre Desheraud
［中・右］©ATOUT FRANCE/R-Cast
P145
［すべて］©ATOUT FRANCE/R-Cast

P156
［左］©ATOUT FRANCE/Hélène Moulonguet
［中］©ATOUT FRANCE/Fabian Charaffi
［右］©ATOUT FRANCE/Jean François Tripelon-Jarry
P157
［左］©ATOUT FRANCE/Jean François Tripelon-Jarry
［右］©ATOUT FRANCE/R-Cast

P166
［左］©ATOUT FRANCE/Fabrice Milochau
［中・右］©ATOUT FRANCE/R-Cast
P167
［左］©ATOUT FRANCE/R-Cast
［右］©ATOUT FRANCE/Jean François Tripelon-Jarry

P176
［左］©ATOUT FRANCE/Michel Angot
［中・右］©ATOUT FRANCE/R-Cast
P177
［左・中］©ATOUT FRANCE/Jean François Tripelon-Jarry
［右］©ATOUT FRANCE/Emmanuel Valentin

P188
［左］©ATOUT FRANCE/Jean Malburet
［中・右］©ATOUT FRANCE/Fabrice Milochau
P189
［左］©ATOUT FRANCE/R-Cast
［中］©ATOUT FRANCE/Jean Malburet
［右］©ATOUT FRANCE/Fabrice Milochau

P196
［左・中］©ATOUT FRANCE/Michel Angot
［右］©ATOUT FRANCE/R-Cast
P197
［左・中］©ATOUT FRANCE/R-Cast
［右］©ATOUT FRANCE/Michel Angot

P208
［左］©ATOUT FRANCE/R-Cast
［右］©ATOUT FRANCE/Franck Charel
P209
［左・中］©ATOUT FRANCE/R-Cast
［右］©ATOUT FRANCE/R-Cast/Architecte Ricardo Bofill

P216
［左］©ATOUT FRANCE/CRT Champagne-Ardenne/Oxley
［中］©ATOUT FRANCE/CRT Champagne-Ardenne/Manquillet
［右］©ATOUT FRANCE/CRT Franche-Comté/M. Sergent
P217
［左・中］©ATOUT FRANCE/CRT Franche-Comté/H. Hugue
［右］©ATOUT FRANCE/R-Cast

■ 協助

ストウブ
電話：0120-75-7155
http://www.staub.jp/

マルミツ陶器合資会社
「SOBOKAI」「studio m'」
電話：0561-82-8066
http://www.marumitsu.jp/

ル・クルーゼ ジャポン株式会社
電話：03-3585-0198（カスタマーダイヤル）
http://www.lecreuset.co.jp/

Le Cordon Bleu藍帶廚藝學院

1895年，創設於法國巴黎。是巴黎最古老，具有超過一世紀歷史的名門料理學校。目前在世界20國以上開設了30多所分校，致力於經營國際性料理與餐飲服務的教育機構。日本於1991年，在代官山設立東京分校、2004年在關西開設神戶分校，以傳承法國美食文化與生活藝術之精髓。

東京分校	東京都渋谷区猿楽町28-13 ROOB-1
	TEL 0120-454840
神戶分校	兵庫縣神戶市中央区播磨町45 The 45th 6F/7F
	TEL 0120-138221
URL	http://www.cordonbleu.edu/japan

協助製作・技術指導：**Olivier Oddos**
翻譯、口譯・技術助理（Technical Assistant）：千住麻里子

系列名稱 / 法國藍帶
書　名 / 從基礎學習FRANCE經典料理大全
作　者 / 法國藍帶廚藝學院
出版者 / 大境文化事業有限公司
發行人 / 趙天德
總編輯 / 車東蔚
文　編 / 編輯部
美　編 / R.C. Work Shop
翻　譯 / 胡家齊
地　址 / 台北市雨聲街77號1樓
TEL / (02)2838-7996
FAX / (02)2836-0028
初　版 / 2019年4月
定　價 / 新台幣 780元
ISBN / 9789869620574
書　號 / LCB 16

讀者專線 / (02)2836-0069
www.ecook.com.tw
E-mail / service@ecook.com.tw
劃撥帳號 / 19260956大境文化事業有限公司

國家圖書館出版品預行編目資料
從基礎學習FRANCE經典料理大全
法國藍帶廚藝學院　著；--初版.--臺北市
大境文化，2019 272面；21×26公分（LCB；16）
ISBN 978-986-96205-7-4
1.食譜　2.法國　427.12　108001853

設計：片岡修一(PULL / PUSH)
攝影：大山裕平
採訪、文章：折原泉
編輯：安孫子幸代